中国城市
新一代暴雨强度公式

邵尧明　邵丹娜　著

中国建筑工业出版社

图书在版编目（CIP）数据

中国城市新一代暴雨强度公式 / 邵尧明，邵丹娜著 .—北京：中国建筑工业出版社，2014.5

ISBN 978-7-112-16847-7

Ⅰ.①中… Ⅱ.①邵…②邵… Ⅲ.①城市－暴雨量－强度－计算－公式－中国 Ⅳ.①P333.2

中国版本图书馆CIP数据核字（2014）第098754号

本书充分利用现代信息技术，从我国水文、气象等部门4000余个雨量站的历年实测资料信息中，收集筛选了我国31个省、市、自治区内共607座城市的雨量资料，整理、归纳、统计总量达24902站/年的雨量数据，建立了607座城市符合当地实际的暴雨强度公式，填补了我国城市安全建设工作中的一项空白，为城市规划、工程设计、生态研究及城市雨洪管理等领域提供了科学合理的技术支持。本书可供规划设计、建设管理、水利水电、水文、气象、地理、环境、防灾等相关学科的专业工作者和大专院校师生使用参考。

责任编辑：于　莉　田启铭
书籍设计：京点制版
责任校对：陈晶晶　赵　颖

地图由中国地图出版社提供，地图上中国国界线系按照中国地图出版社1989年出版的1：400万《中华人民共和国地形图》绘制。

中国城市新一代暴雨强度公式
邵尧明　邵丹娜　著
*
中国建筑工业出版社出版、发行（北京西郊百万庄）
各地新华书店、建筑书店经销
北京京点图文设计有限公司制版
北京画中画印刷有限公司印刷
*
开本：880×1230毫米　1/16　印张：6¼　字数：195千字
2014年10月第一版　2014年10月第一次印刷
定价：48.00元
ISBN 978-7-112-16847-7
(25198)
审图号：GS（2012）736号

序

城市是社会网络的关键节点，经济运转系统的核心枢纽和生命财富的高度集聚地。在城市人口高度集聚，城市经济快速发展、城镇化高速推进的现代化时代，城市防洪、排水安全和城市水灾风险日益成为一个涉及面广、影响力大，人民群众高度关注的安全问题。城市暴雨强度公式是城市雨水排水系统规划、设计、雨洪管理和雨水径流污染治理的重要科学依据。在我国，由于计算理论及技术的不完善和相对滞后、研究起步晚发展慢，加之雨水排水设施设计标准偏低等原因，致使我国在这方面的规范设计难以适应现代城市发展的实际需要，城市内涝问题日益突出。因此，建立符合当地客观实际的暴雨强度公式是保障城市排水安全的前提，且对优化城市雨水排水系统的规划设计，合理确定工程投资及保证工程正常运行都有十分重要的意义。

《中国城市新一代暴雨强度公式》汇集了迄今为止我国暴雨公式设计计算方面最全面、最系统的资料，建立了我国 31 个省、市、自治区 606 座城市的暴雨强度公式，资料总量高达 24902 站 / 年，结束了我国大部分城市无暴雨强度公式之历史，填补了我国城市安全建设工作中的一项空白，是我国近半个世纪以来关于城市暴雨统计特征研究的一项创新性研究成果。

新一代城市暴雨强度公式具有广泛的适用性，不仅适用于城市规划、工程设计、城市排水、生态研究及城市雨洪管理，而且可拓宽应用于水利、环境、气象、交通等领域，为各行各业工程设计成果的相互验证、综合协调等方面提供了技术平台，具有十分重要的应用价值。

作者潜心研究、勇于实践，收集并分析了海量的数据，进行了繁重的计算和协调工作，历时十余年才完成了这一浩大的系统工程。作者这种理性务实、直面难题、持之以恒的精神，值得广大科技工作者学习。

住房和城乡建设部副部长：仇保兴
2009.7.19

前 言

随着我国城镇化的快速发展，城镇人口的快速增长，城镇基础设施建设密度的不断增加，短历时高强度暴雨造成的城市水灾害已经成为城镇化进程中影响人居环境改善的一大制约因素。城市暴雨强度公式编制既能反映城市降雨变化的客观规律，又能检验城市基础设施建设的合理性，更是改进城市规划布局的重要技术手段。因此，提高城市暴雨强度公式计算精度，规范该项技术的成果推广，对于实现城镇发展和基础设施建设具有重要的实践意义。

根据现有研究成果，目前我国仅有几十座城市拥有可供参考的暴雨强度公式，且多建立于20世纪80年代初期，这些公式在当时为我国的城市化建设提供了重要的技术参考。然而，随着城市格局不断外延和高密度增长，城市宜居需求的不断提升，原有的研究成果已无法较好地满足当前需要。2004年2月建设部再次提出修编和补充编制，入编《给水排水设计手册》的只有上海市、济南市，浙江省、福建省补充复核修编了60余座城镇的暴雨强度公式，这些公式远远不能满足我国城市型网络化大都市建设和城市化进程的实际需求。住房和城乡建设部建科研函 [2008]199号关于协助做好“我国现行规范中暴雨强度公式设计计算技术研究”课题成果协调工作文件指出：“目前，我国城市在雨水排水规划设计中采用传统暴雨强度公式精度低、误差大，不能全面真实反映降水变化规律，且在应用中发现不能满足生产需要，需要修改和调整”。

本书以我国城镇化与短历时强暴雨导致的城市排水防涝问题为切入点，基于现有的学术研究成果和行业管理特点，结合多年城市雨水排水设计和管理工作实践，对目前城市暴雨强度公式编制存在的技术问题进行梳理和分析。通过对数据的采集处理，充分利用GIS图属互联思想，借助可视化平台，为城市暴雨设计研究提供了一种新的分析方法。同时，利用地理信息系统平台，完成流域分析、城市地理、气候环境、雨区划分、雨强统计和制图等，对有关地理、地形、雨型与降水分布关系，进行全面、深入的调查研究。本书所涉及的中国城市暴雨强度公式编制站点分布图和各省、市暴雨强度公式编制站点分布图，对各观测站站名与城市名称对应性及地图各要素进行了技术审核。所有地图经国家测绘地理信息局严格审查，符合国家出版规定。

书中新一代暴雨强度公式具有广泛的适用性，不仅较好地兼顾了“三个结合”（城乡之间结合、政府相关部门之间结合、与实际条件结合）和“两个服务创新”（政府服务创新、规划设计部门服务创新），也为城市雨水排水工程规划设计和城市防灾减灾以及雨水排水日常管理提供了有力的技术支撑。本书所提供的研究成果为城市规划、工程设计、雨洪管理、生态研究及水利水电、水文、气象、地理、环境、防灾等相关学科提供了技术参考。

本书编写得到了国家水文、气象及测绘部门的大力支持和协助，各单位高效的工作为本书的完成提供了大量可靠的数据支持，谨致谢忱。

目 录

绪 论

暴雨强度公式是城市雨水排水系统规划与设计的重要依据，直接影响到排水工程的投资预算和安全可靠性。据《给水排水设计手册》第 5 册《城镇排水》（第二版），城市暴雨强度公式的涵盖国内 102 座城市，具有一定局限性，使规划设计精度受到了损失。从 20 世纪 50 年代《室外排水工程设计规范》发展至今的《室外排水设计规范》，历次城市室外排水设计规范修编均无述及关于暴雨强度公式编制方法的修改内容。由于这套方法沿用至今近半个世纪，随着城市化的加速推进，城市建设事业的迅猛发展，以及国外先进技术的引进、消化，我国给水排水科学技术和设计水平取得了重大成果。20 世纪 60 年代水文及气象部门对雨量资料的整编进行了重大改革，均采用年最大值法建立了暴雨信息资源共享数据库，暴雨资料日益积累，系列不断完善，在水文资料的深度和广度等方面均满足了各地修编暴雨强度公式的实际需求。

鉴于暴雨强度公式设计工作的实际需要，编制方法亟需修改、补充和调整。住房和城乡建设部下达了“现行规范中城市暴雨强度公式设计计算技术研究及应用”课题，要求应根据现行相关国家标准、技术规范，充分发挥现有的设计技术和科研成果，继续开展技术再创新，这为确立当前编制符合客观实际的 607 座城市，608 个（其中 5 ~ 120min607 个，5 ~ 1440min1 个）暴雨强度计算公式提供一个很好契机。

城市新一代暴雨强度公式在水文、气象部门系列虹吸式观测资料的基础上，以先进的专业计算机输入设备和降水数字化处理系统软件为平台，从原始记录数据处理、整理、归纳、统计、编制的年最大值选样法构建各指定历时的雨量系列。彻底改变以往只能通过“目测法”或“坐标抄录法”处理原始资料，采用先进降水数字化处理系统提取原始样本，剔除了人为因素有可能造成的干扰，充分利用实测数据进行虹吸校验和更正，从而达到了样本观测及采集方法的一致性，确保各样本的准确性、完整性。该方法是城市暴雨强度公式研究领域的一大创新，具有误差小、统一标准等特点。在降水数字化处理系统的支撑下，编制我国 31 个省、市、自治区 607 座城市暴雨强度公式的数据处理工作将变得更为快捷，其效率和样本准确性是传统技术无法实现的。

暴雨强度公式的合理性分析及其精度分析评定的基础上，设计暴雨量等值线图在 GIS 软件和硬件支持下，将地理信息系统空间分析技术基础数据库和设计暴雨信息数据库综合起来，使设计暴雨量的分析过程更加严密、直观、快速和有效地绘制等值线图，实现不同重现期设计暴雨量等值线的浏览、检索等，充分利用 GIS 制定各历时不同重现期设计暴雨等值线交互协调的评判标准，对不同重现期各个历时暴雨量等值线和设计计算值进行综合协调，以图形及数据的重新处理等分析工作，综合设计暴雨分析和推求出新的暴雨信息，产生设计暴雨量等值线图和气象因素、地形等数据叠加交互协调时主要考虑的因素及分析的结果有：

（1）以分布在我国不同城市的新一代暴雨强度公式为依据，采用 2 年、3 年、5 年、10 年、20 年、30 年、50 年、100 年八个频率和 5min、10min、15min、20min、30min、45min、

60min、90min、120min 九个时段，分别求得设计暴雨量，绘制不同重现期各个历时的暴雨量等值线图。

（2）客观反映地理、地形、建筑以及气象因素对降水影响的因子关系。经分析得到我国的设计暴雨量等值线的高低值区域分布和地形趋势、形成局地气候的关系比较一致，即山区大于平原，迎风坡面大于背风面，东部大于西部，南部大于北部。梅雨控制区和台风控制区暴雨强度应有明显的差异。

（3）根据中华人民共和国水利部水文局、南京水利科学研究院编制《中国暴雨统计参数图》以及各省水文部门刊布的短历时暴雨图集及国家气象局编制的相关成果，将各历时不同重现期暴雨量值等值线图，进行严密的分析比较，两者之间的成果吻合较好，变化趋势比较一致。

（4）依据我国各指定历时实测的最大值降雨量分布，无论对暴雨强度公式的参数推求，还是基于 GIS 技术支持下生成的暴雨量等值线，协调平衡与合理性检查都应予以特别关注。

（5）时段暴雨量～历时～重现期三者关系检查，在等值线图上读取各站点的设计暴雨量，与相应各历时不同重现期条件下的设计暴雨量进行严密比较，分析它们的合理性、精确性和保真性。

本书采用年最大值选样法构建各指定历时的雨量系列，很好地兼顾了样本的代表性、一致性、独立性各个方面的要求，致使样本信息与水文、气象部门整编的雨量成果完全协调一致，达到样本信息资源的共享，从而使城市暴雨强度公式计算成果更加科学合理，大大简化了编制工作量。与水文、气象部门的整编要求完全一致，有利于加快推进我国各地推求暴雨强度公式进程，满足了样本的代表性、独立性、一致性和统计规律等方面的要求，充分客观反映了我国城市化过程中暴雨强度在空间分布上的梯度变化规律。另外，设计重现期的概念在城市规划建设部门、水利部门、气象部门及交通部门得到高度统一，使多个部门的水文设计技术标准完全协调一致。新一代暴雨强度公式具有广泛的适用性，不仅适用于城市生态研究、城市规划设计与城市水文管理，而且可拓宽应用于水利、环境、气象、交通、工业等领域，为各行各业工程设计成果的相互验证、综合协调等提供了技术支撑。

在城市雨水排水的设计和管理运行中，笔者结合多年的工作实践，发现了目前设计暴雨强度计算存在的技术问题，于 1997 年开始从事暴雨强度公式的研究，在宁波地区通过几年的全面推广使用，在积累应用经验的同时，扩大了应用范围，于 2000 年完成了浙江暴雨强度公式，在实践中勇于创新，在 2005 年建立了杭州市暴雨强度信息管理系统。上述成果先后获得了浙江省、杭州市、宁波市科学技术奖（进步）一等奖和二等奖，部分成果入编《给水排水设计手册》（第二版）第 5 册《城镇排水》。这以后十余年的推广应用，笔者积累了丰富的设计技术和实践经验，随着城市雨水排水设计标准的不断提升，为了适应其城市化的实际需求，2007 年承担建设部以建科［2007］144 号下达了“我国现行规范中暴雨强度公式设计计算技术研究”的重要课题。要求在十余年理论研究和实践的基础上，借助计算机技术和地理信息系统平台，在模型论证、样本容量对比、精度比较、敏感性分析和成果合理性检查等方面，深入地对资料系列长度、代表性、选样方法等技术问题进行研究。

随后，根据建标函 [2008]39 号“关于请继续开展暴雨强度公式设计计算验证性应用研究的函”的具体要求，即“在已取得的城市暴雨强度公式设计计算研究成果的基础上，选择有代表性的不同地区和城市，扩大范围，继续进行验证性应用研究，为下一步在有关工程建设标准中推广应用该成果奠定更坚实的基础”。住房和城乡建设部又以建标 [2010]43

号文“关于印发《2010年工程建设标准制订、修订计划》的通知”，对国家标准《室外排水设计规范》进行局部修订研究，同时下达了“我国城市设计暴雨计算方法的创建及国标应用”课题，要求以相关现行国家标准、规范为依据，删改陈旧技术内容，补充新的设计技术和科研成果使规范在内容上更加切实可行、在技术上更加先进。课题分析了中国31个省、市、自治区607座城市暴雨的特性，汇集了全国24933站/年海量数据，并经过严密的检验、整编、平衡分析，数据翔实可靠的基础上。从暴雨强度计算、标准选择，频率分布模型等方面入手，通过模型论证、样本容量对比、精度评定、敏感性分析，同时以全国短历时暴雨等值线图为数学模型的验证检查方法，创新地提出随机独立样本，比较各种分布曲线模型的差异，发现年最大值法配合耿贝尔分布模型推求暴雨强度的方法，在耿贝尔分布模型的基础上，融合皮尔逊III型分布，进一步优化主要参数，提高设计暴雨的准确性和合理性。并提出“高斯-牛顿”法求解四个待求参数的优化和设计概化雨型的统计等方法，符合当前国际上在该领域的研究趋势。创建的暴雨强度公式编制方法、设计概化雨型的统计方法等，经广泛征询全国有关部门和各方面专家意见和建议的基础上，由住房和城乡建设部组织专家组进行严密审查，首次编入国家标准《室外排水设计规范》GB 50014-2006（2011年版），为《室外排水设计规范》中的排水体制、低影响开发（LID）、雨水调蓄和水量计算、排水管渠及数学模型模拟降雨过程均有重要的实用价值和指导意义。

根据住房和城乡建设部建科验字[2007]104号建议，在有条件的地区推广使用本项研究成果，浙江省建设厅率先于2008年4月18日以建设发[2008]89号“关于公布浙江省各城市暴雨强度公式的通知”以及在浙江建设网上发布，全省各地规划建设、水利水电、交通、工业、气象等各级行政管理部门，根据行业的性质特点，采取了积极有效的推广应用的技术措施，研究成果的可靠性也得到了省内外高校、科研机构及工程设计等100余家单位所提交书面应用证明的充分肯定，省建设厅于2008年12月4日专题召开了《浙江省城市暴雨强度公式》推广应用经验交流会。与会专家一致认为：新一代暴雨强度公式适用性强、计算精度高、设计成果更为安全可靠、经济合理，已取得了很好的经济、社会和环境效益。成果获得了2010年度浙江省科学技术二等奖。住房和城乡建设部建科研函[2008]199号文件充分肯定：“为了加速推进此项工作，我部组织开展了‘我国现行规范中城市暴雨强度公式设计计算技术研究’工作。这项工作得到了国家气象、水文部门的大力支持，已经建立了我国31个省、市、自治区606座城市新一代暴雨强度公式。基于此项研究成果适用于浙江省的暴雨强度公式已经推广应用，效果良好”。在推广新一代暴雨强度公式的过程中，多次赴相关设计单位开展应用经验交流，处理设计部门的意见反馈。2011年9月26日住房和城乡建设部组织召开了“中国城市新一代暴雨强度公式推导研究及工程应用”课题专家评审会（附住房和城乡建设部科技项目评审意见书），专家评审意见认为：该成果取代传统的暴雨强度公式，建议住房和城乡建设部尽快发布《中国城市新一代暴雨强度公式》课题成果，研究成果直接应用于相关的规划设计、工程建设、雨洪管理等方面将会在社会、环境、经济等方面产生重要的影响。

根据《国务院办公厅关于做好城市排水防涝设施建设工作的通知》（国办发[2013]23号）要求，做好暴雨规律分析，修订或编制暴雨强度公式等有关工作。在上级行政主管部门的直接关心和相关技术业务部门的大力支持下，充分利用现有的技术和资料条件，继续深入开展城市长、短历时设计暴雨、设计概化雨型及在雨水口控制条件下的城市雨水排调蓄计算技术的研究，为积水计算进一步提高暴雨水管理水平。

序图图例

居民点

★ 北京	首都
◎ 太原	省级行政中心
⊙ 安阳	地级市行政中心（外国主要城市同）
○ 玉树	自治州行政中心 地区、盟行政公署
○ 二连浩特	其他城镇（外国一般城市同）
◎ 万象	外国首都或首府

境界

- 国界
- 未定国界
- 省、自治区、直辖市界
- 特别行政区界
- 地区界
- 军事分界线

公式编制站点图图例

居民点

北京	首都
西安	省级行政中心
宝鸡	地级市行政中心
文山	自治州行政中心 地区、盟行政公署
华阴市 临潼区 扶风	县级行政中心
北庄头	村镇
△ 密云	站点

交通

国家级高速编号 G45　省级高速编号 S45　高速公路及编号

112　国道及编号

未成　铁路

轮渡线

境界

- 未定　国界
- 未定　省、自治区、直辖市界
- 特别行政区界
- 地级界
- 地区界
- 军事分界线

水系

- 常年河、伏流河、湖泊
- 时令河、时令湖
- 运河、渠道

地形和其他

- 珊瑚礁
- 长城

备注：香港特别行政区、澳门特别行政区、台湾省监测站点资料暂缺。

中国政区

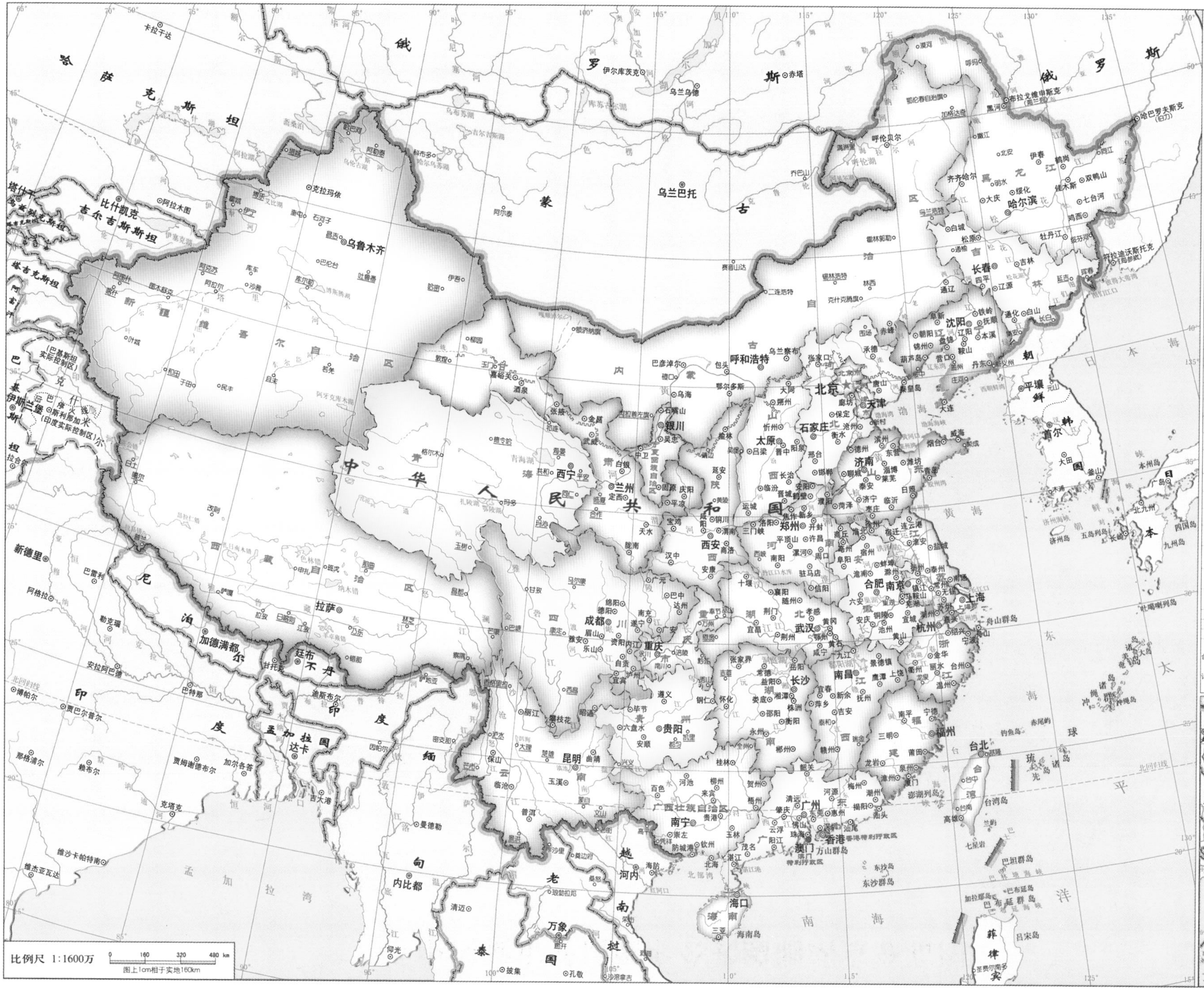

中华人民共和国行政区划统计表

（资料截至2012年06月）

省级		地级		县级	
行政区划单位	合计	行政区划单位	合计	行政区划单位	
北京市			16	14市辖区 2 县	
天津市			16	13市辖区 3 县	
河北省	11	11地级市	172	36市辖区 22县级市	108 县 6自治县
山西省	11	11地级市	119	23市辖区 11县级市	85 县
内蒙古自治区	12	9地级市 3 盟	101	21市辖区 11县级市 17 县	49 旗 3自治旗
辽宁省	14	14地级市	100	56市辖区 17县级市	19 县 8自治县
吉林省	9	8地级市 1自治州	60	20市辖区 20县级市	17 县 3自治县
黑龙江省	13	12地级市 1地 区	128	64市辖区 18县级市	45 县 1自治县
上海市			17	16市辖区 1 县	
江苏省	13	13地级市	104	55市辖区 25县级市	24 县
浙江省	11	11地级市	90	32市辖区 22县级市	35 县 1自治县
安徽省	16	16地级市	105	43市辖区 6县级市	56 县
福建省	9	9地级市	85	26市辖区 14县级市	45 县
江西省	11	11地级市	100	19市辖区 11县级市	70 县
山东省	17	17地级市	140	49市辖区 31县级市	60 县
河南省	17	17地级市	159	50市辖区 21县级市	88 县
湖北省	13	12地级市 1自治州	103	38市辖区 24县级市 38 县	2自治县 1林 区
湖南省	14	13地级市 1自治州	122	35市辖区 16县级市	64 县 7自治县
广东省	21	21地级市	121	54市辖区 23县级市	41 县 3自治县
广西壮族自治区	14	14地级市	109	34市辖区 7县级市	56 县 12自治县
海南省	3	3地级市	20	4市辖区 6县级市	4 县 6自治县
重庆市			38	19市辖区	15 县 4自治县
四川省	21	18地级市 3自治州	181	44市辖区 14县级市	119 县 4自治县
贵州省	9	6地级市 3自治州	88	13市辖区 7县级市 56 县	11自治县 1特 区
云南省	16	8地级市 8自治州	129	13市辖区 11县级市	76 县 29自治县
西藏自治区	7	1地级市 6地 区	73	1市辖区 1县级市	71 县
陕西省	10	10地级市	107	24市辖区 3县级市	80 县
甘肃省	14	12地级市 2自治州	86	17市辖区 4县级市	58 县 7自治县
青海省	8	1地级市 1地 区 6自治州	43	4市辖区 2县级市	30 县 7自治县
宁夏回族自治区	5	5地级市	22	9市辖区 2县级市	11 县
新疆维吾尔自治区	14	2地级市 7地 区 5自治州	99	11市辖区 20县级市	62 县 6自治县
香港特别行政区					
澳门特别行政区					
台湾省		（资料暂缺）		（资料暂缺）	
合计 34：4直辖市 23 省 5自治区 2特别行政区	333	285地级市 15地 区 30自治州 3 盟	2853	857市辖区 369县级市 1456 县 117自治县 49 旗 3自治旗 1特 区 1林 区	

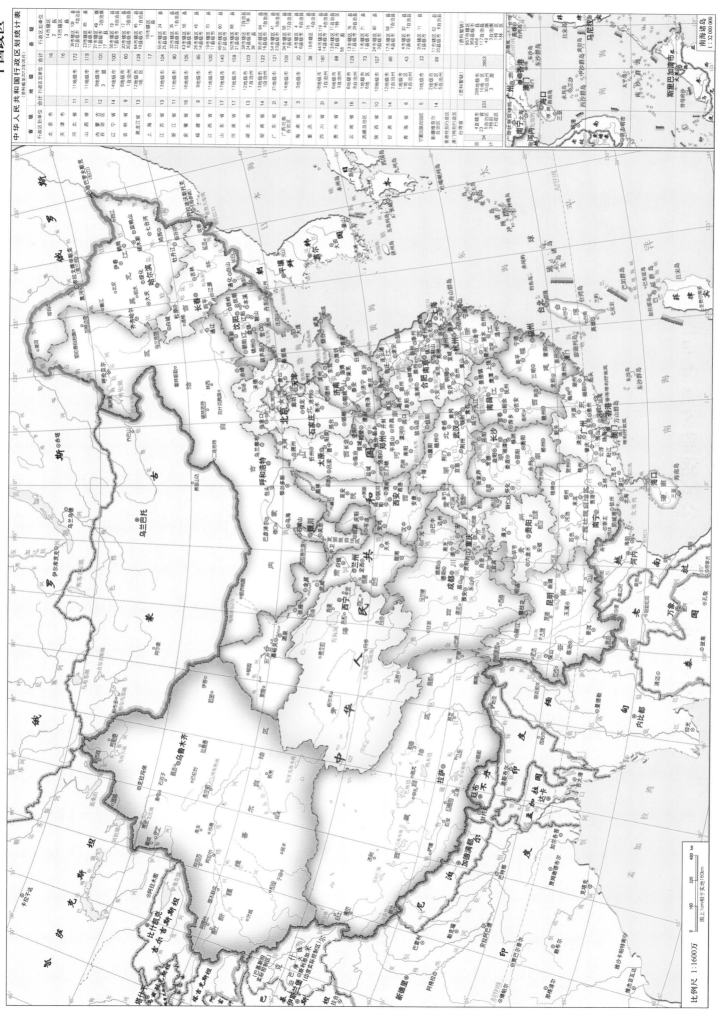

中国城市暴雨强度公式编制站点分布图

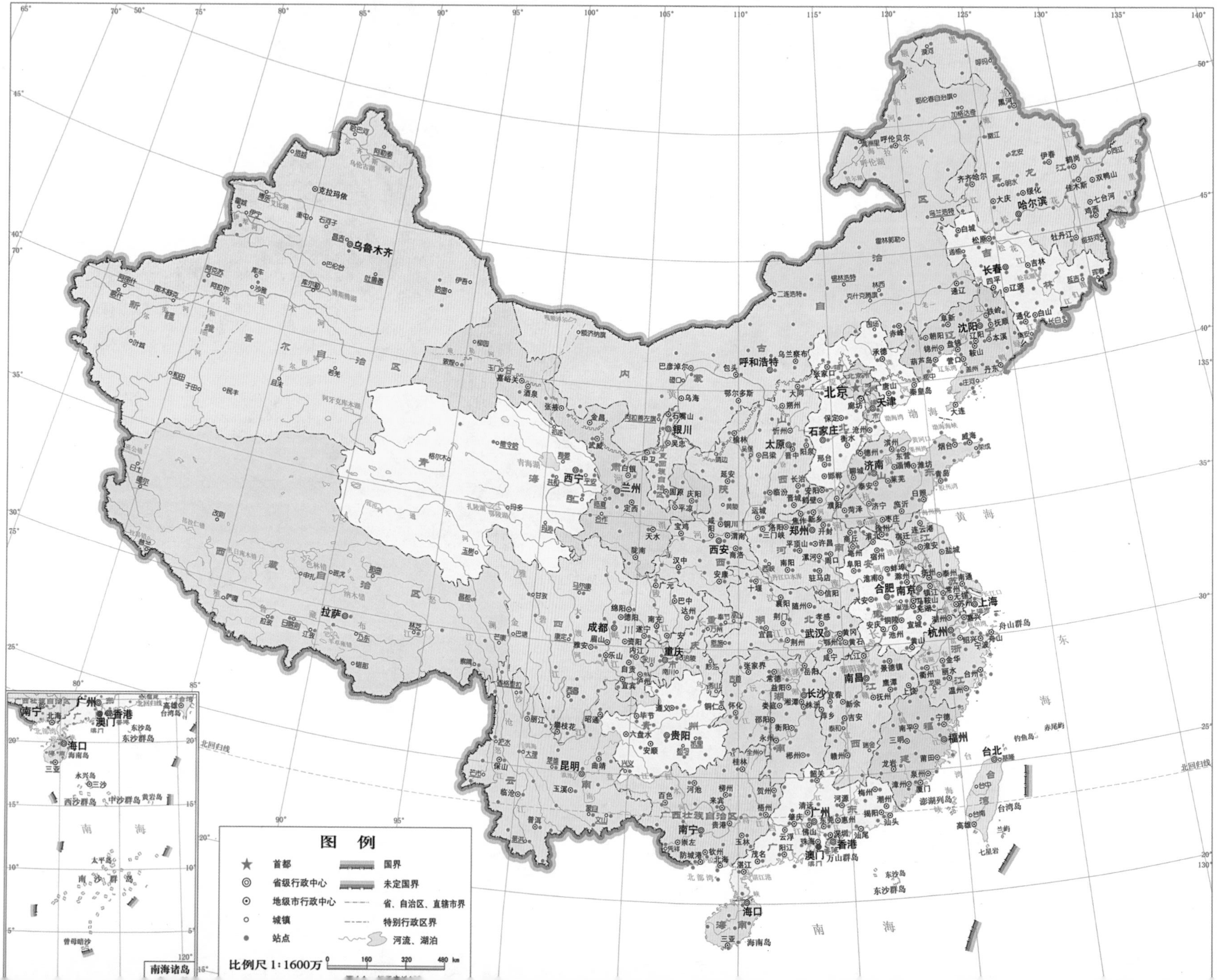

中国地势

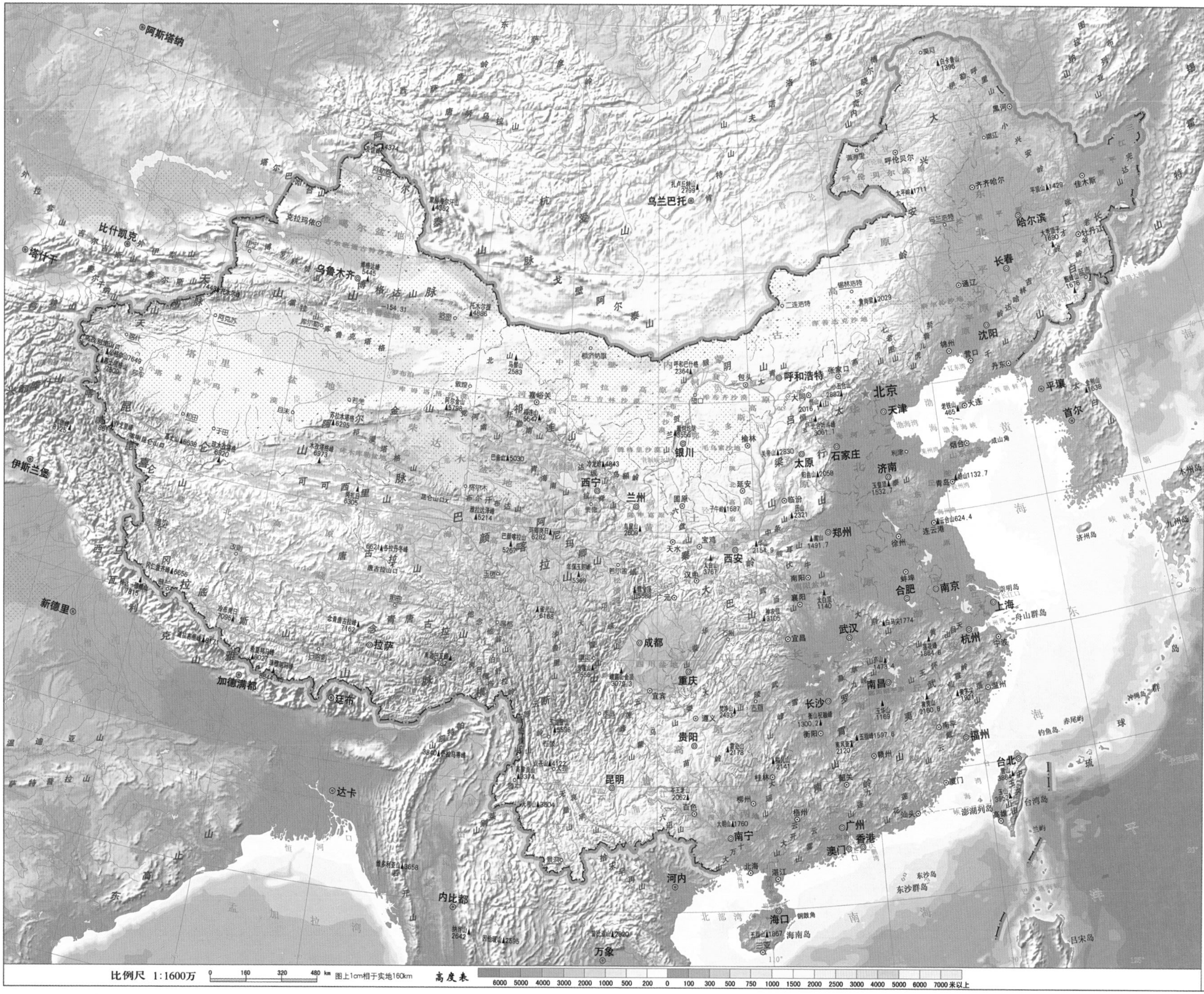

中国地势

中国的地势西高东低，呈三级阶梯状分布。

中国西南部的青藏高原为地势的第一级阶梯，平均海拔在4000米以上。

从第一阶梯向北、向东，过昆仑山脉、祁连山脉、横断山脉，地势降至海拔1000—2000米的高度，是中国地势的第二阶梯。分布着盆地和高原。

从第二阶梯向东，过大兴安岭、太行山、巫山、雪峰山，地势多降至500米以下，是中国的第三阶梯。分布有丘陵和平原。

从中国地势的第三级阶梯继续向东向南，自然延伸到海洋中的部分，是大陆架。

中国主要山脉

名称	主峰	海拔(米)
喜马拉雅山脉	珠穆朗玛峰	8 844.43
喀喇昆仑山	乔戈里峰	8 611
昆仑山脉	公格尔山	7 649
大雪山	贡嘎山	7 556
横断山	玉龙雪山	5 596
天山山脉	托木尔峰	7 443
念青唐古拉山	念青唐古拉峰	7 162
冈底斯山	冷布岗日	7 095
唐古拉山	各拉丹冬峰	6 621
可可西里山	岗扎日	6 305
阿尔金山	苏拉木塔格	6 295
祁连山	祁连山	5 547
巴颜喀拉山	年保玉则峰	5 369
阿尔泰山脉	友谊峰	4 374
玉山	玉山	3 952
秦岭	太白山	3 767
太行山	小五台山	2 882
阴山	呼和巴什格	2 364
武夷山	黄岗山	2 160.8
南岭	猫儿山	2 141
大兴安岭	黄岗梁	2 029

中国主要平原

名称	面积(平方千米)	海拔(米)
东北平原	约35万	大部分200米以下
华北平原	约31万	大部分50米以下
长江中下游平原	约20万	50米以下

中国主要高原

名称	面积(平方千米)	海拔(米)
青藏高原	约250万	3000～6000
内蒙古高原	约34万	1000～1400
云贵高原	约50万	1000～2000
黄土高原	约30万	800～2500

中国主要盆地

名称	面积(平方千米)	海拔(米)
塔里木盆地	约53万	800～1300
准噶尔盆地	约38万	500～1000
柴达木盆地	约20多万	2600～3100
四川盆地	约16.5万	300～700

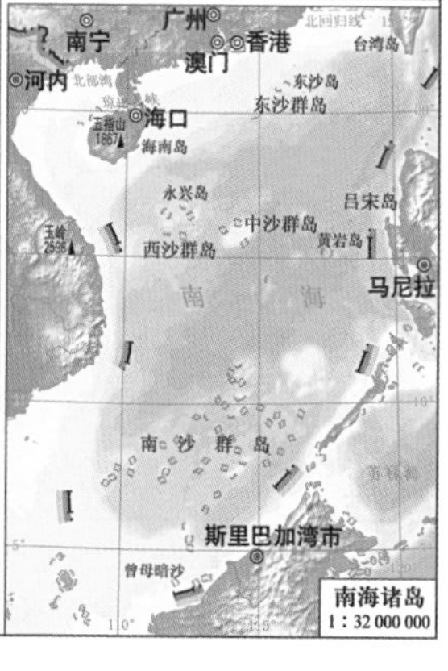

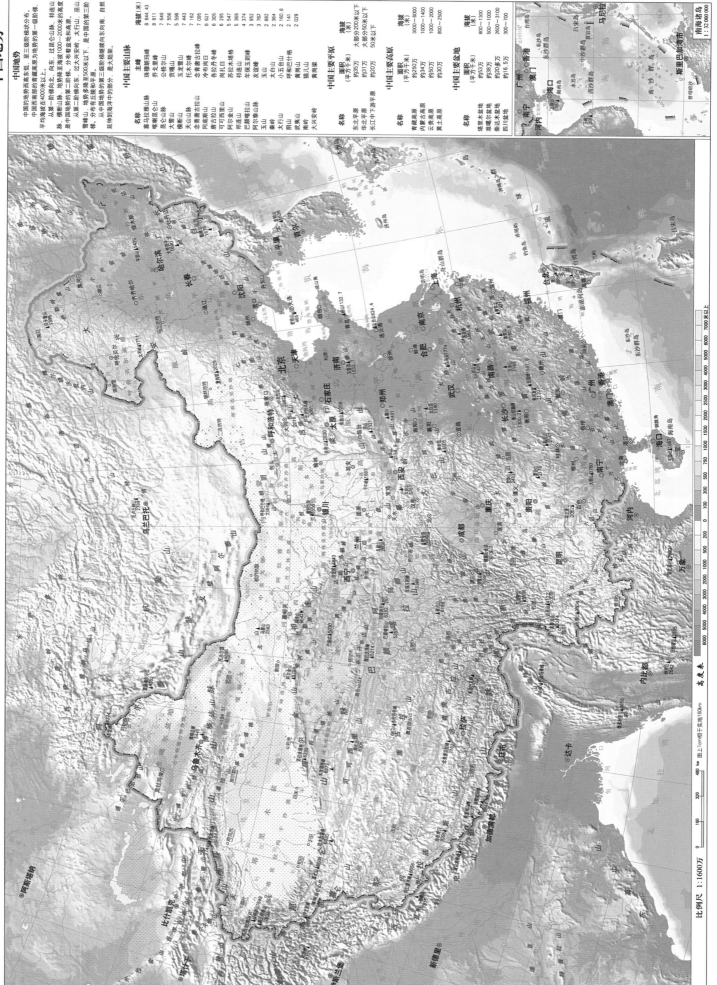

中国水系

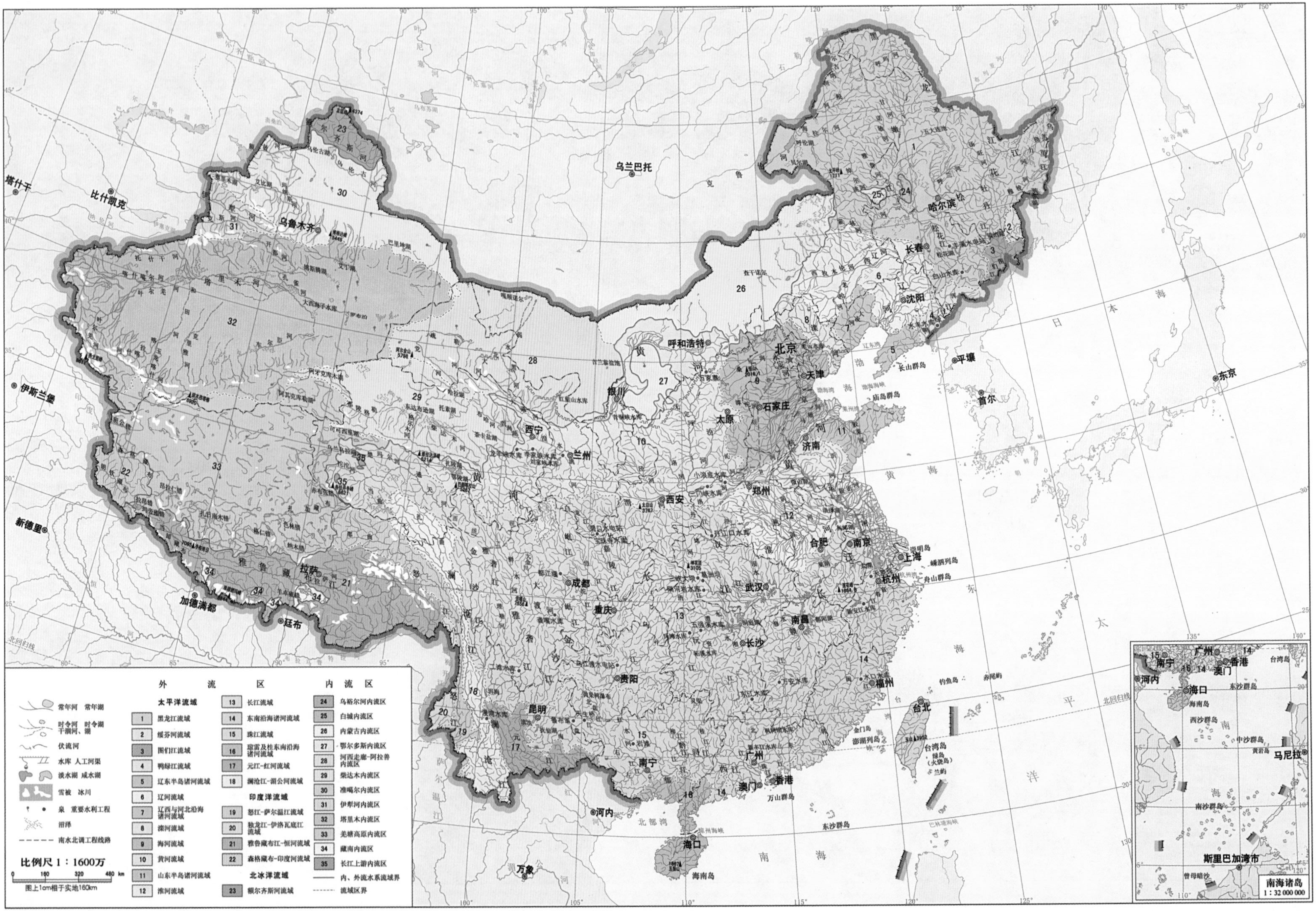
外流区
太平洋流域
1 黑龙江流域
2 绥芬河流域
3 图们江流域
4 鸭绿江流域
5 辽东半岛诸河流域
6 辽河流域
7 辽西与河北沿海诸河流域
8 滦河流域
9 海河流域
10 黄河流域
11 山东半岛诸河流域
12 淮河流域
13 长江流域
14 东南沿海诸河流域
15 珠江流域
16 琼雷及桂东南沿海诸河流域
17 元江-红河流域
18 澜沧江-湄公河流域
印度洋流域
19 怒江-萨尔温江流域
20 独龙江-伊洛瓦底江流域
21 雅鲁藏布江-恒河流域
22 森格藏布-印度河流域
北冰洋流域
23 额尔齐斯河流域
内流区
24 乌裕尔河内流区
25 白城内流区
26 内蒙古内流区
27 鄂尔多斯内流区
28 河西走廊-阿拉善内流区
29 柴达木内流区
30 准噶尔内流区
31 伊犁河内流区
32 塔里木内流区
33 羌塘高原内流区
34 藏南内流区
35 长江上游内流区
内、外流水系流域界
流域区界
常年河 常年湖
时令河 时令湖 干涸河、湖
伏流河
水库 人工河渠
淡水湖 咸水湖
雪被 冰川
泉 重要水利工程
沼泽
南水北调工程线路
比例尺 1：1600万
0 160 320 480 km
图上1cm相当于实地160km
南海诸岛
1：32 000 000
北京
天津
石家庄
太原
呼和浩特
沈阳
长春
哈尔滨
济南
郑州
西安
银川
兰州
西宁
乌鲁木齐
拉萨
成都
重庆
贵阳
昆明
南宁
广州
香港
澳门
海口
长沙
武汉
南昌
合肥
南京
上海
杭州
福州
台北
乌兰巴托
平壤
首尔
东京
河内
万象
加德满都
廷布
新德里
伊斯兰堡
塔什干
比什凯克
马尼拉
斯里巴加湾市
日本海
黄海
渤海
东海
南海
太平洋
北部湾
台湾岛
海南岛
钓鱼岛
赤尾屿
东沙群岛
西沙群岛
中沙群岛
南沙群岛
黄岩岛
曾母暗沙
北回归线

京、津、冀城市暴雨强度公式编制站点分布图

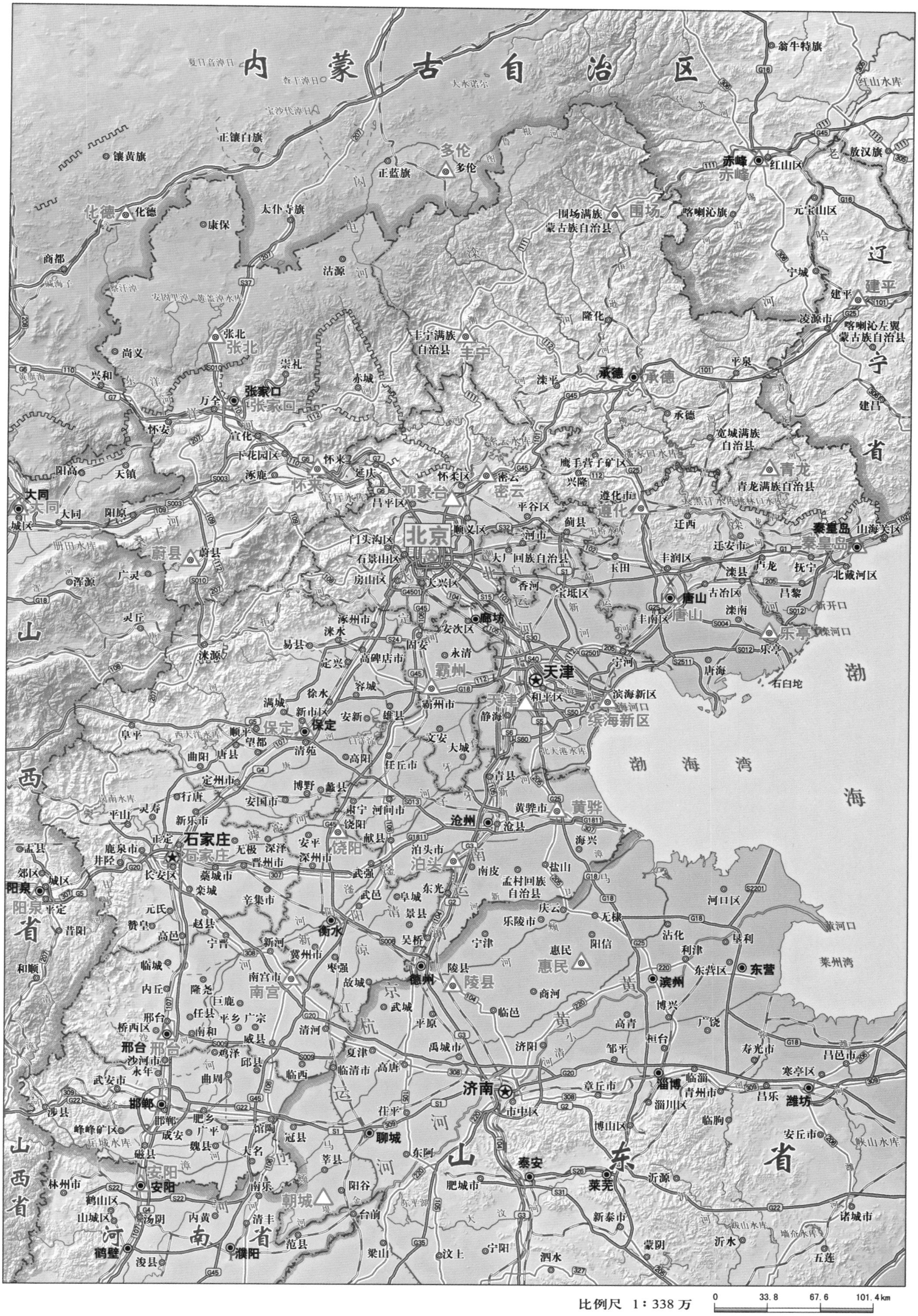

比例尺 1∶338万　0　33.8　67.6　101.4 km

京、津、冀城市暴雨强度公式成果表

序号	所在地区	城市名称	暴雨强度公式	$T_M=2a$ q_{20}	起止年份	资料年份	选择方法	理论分布
1	北京	北京（观象台）	$i=\frac{10.5508+7.5646\lg T}{(t+11.1907)^{0.6867}}$	201	1961～2000	40	年最大值	耿贝尔
2	北京	密云	$i=\frac{6.3419+4.6415\lg T}{(t+7.8565)^{0.5563}}$	203	1961～2000	40	年最大值	耿贝尔
3	天津	天津	$i=\frac{9.8244+8.0814\lg T}{(t+11.6736)^{0.6375}}$	226	1968～1970 1972～2000	32	年最大值	耿贝尔
4	天津	塘沽	$i=\frac{11.1765+11.3376\lg T}{(t+14.9809)^{0.6711}}$	224	1961～2000	40	年最大值	耿贝尔
5	河北省	张北	$i=\frac{75.9123+83.3784\lg T}{(t+27.0493)^{1.2530}}$	135	1961～2000	40	年最大值	耿贝尔
6	河北省	蔚县	$i=\frac{15.3532+20.5381\lg T}{(t+11.5119)^{0.9826}}$	121	1961～2000	40	年最大值	耿贝尔
7	河北省	石家庄	$i=\frac{7.7546+7.1973\lg T}{(t+7.2134)^{0.6666}}$	183	1961～2000	40	年最大值	耿贝尔
8	河北省	邢台	$i=\frac{10.1457+8.4987\lg T}{(t+14.5522)^{0.6948}}$	181	1961～2000	40	年最大值	耿贝尔
9	河北省	丰宁	$i=\frac{115.9362+91.7481\lg T}{(t+26.8198)^{1.3094}}$	155	1961～2000	40	年最大值	耿贝尔
10	河北省	围场	$i=\frac{38.0484+41.8555\lg T}{(t+19.1930)^{1.1098}}$	144	1961～2000	40	年最大值	耿贝尔
11	河北省	张家口	$i=\frac{135.3633+143.8544\lg T}{(t+39.7817)^{1.2832}}$	156	1961～2000	40	年最大值	耿贝尔
12	河北省	怀来	$i=\frac{132.6696+170.7843\lg T}{(t+29.9013)^{1.3387}}$	164	1961～2000	40	年最大值	耿贝尔
13	河北省	承德	$i=\frac{45.1410+42.9591\lg T}{(t+22.7655)^{1.0937}}$	159	1961～2000	40	年最大值	耿贝尔

续表

序号	所在地区	城市名称	暴雨强度公式	$T_M=2a$ q_{20}	起止年份	资料年份	选样方法	理论分布
14	河北省	遵化	$i=\dfrac{7.6418+5.4777\lg T}{(t+9.3544)^{0.5888}}$	212	1961～1962 1964～2000	39	年最大值	耿贝尔
15		青龙	$i=\dfrac{21.9067+14.9708\lg T}{(t+19.4482)^{0.8443}}$	198	1961～2000	40	年最大值	耿贝尔
16		秦皇岛	$i=\dfrac{4.2562+2.6752\lg T}{(t+2.9333)^{0.5112}}$	170	1961～2000	40	年最大值	耿贝尔
17		霸州	$i=\dfrac{655.9763+529.9296\lg T}{(t+70.2513)^{1.4410}}$	207	1961～2000	40	年最大值	耿贝尔
18		唐山	$i=\dfrac{39.3357+28.4602\lg T}{(t+25.7549)^{0.9530}}$	209	1964～2000	37	年最大值	耿贝尔
19		乐亭	$i=\dfrac{8.5474+7.8017\lg T}{(t+12.9495)^{0.6222}}$	206	1964～2000	37	年最大值	耿贝尔
20		保定	$i=\dfrac{41.3428+47.3441\lg T}{(t+30.1128)^{0.9749}}$	204	1961～2000	40	年最大值	耿贝尔
21		饶阳	$i=\dfrac{22.0641+22.3504\lg T}{(t+29.2000)^{0.8020}}$	211	1961～2000	40	年最大值	耿贝尔
22		泊头	$i=\dfrac{12.7121+9.5870\lg T}{(t+22.5131)^{0.6690}}$	212	1968～2000	33	年最大值	耿贝尔
23		黄骅	$i=\dfrac{7.7336+5.8041\lg T}{(t+12.4909)^{0.5729}}$	215	1961～2000	40	年最大值	耿贝尔
24		南宫	$i=\dfrac{146.0136+118.0632\lg T}{(t+56.3062)^{1.1596}}$	199	1961～2000	40	年最大值	耿贝尔

山西省城市暴雨强度公式编制站点分布图

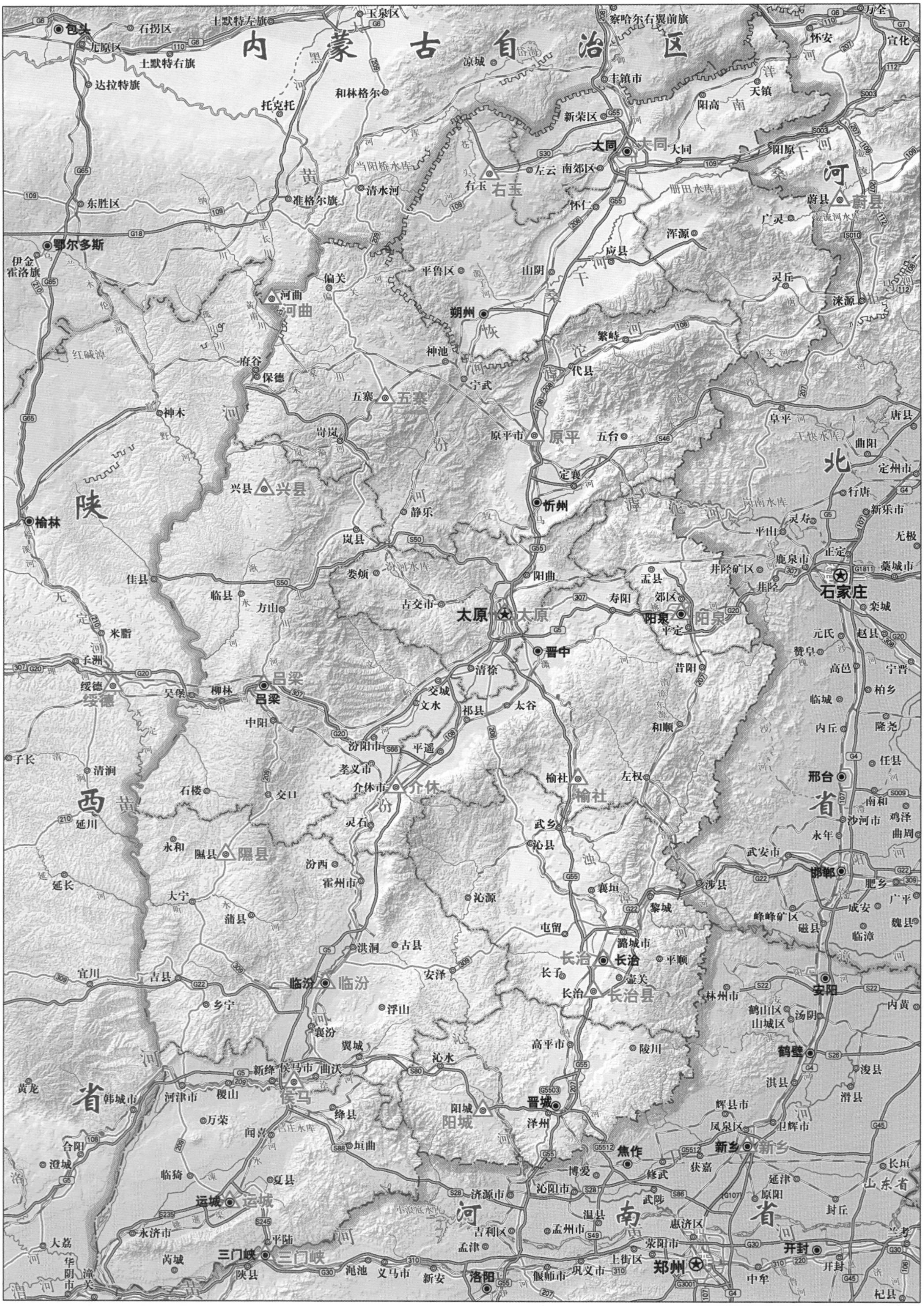

比例尺 1：277 万　0　27.7　55.4　83.1km

山西省城市暴雨强度公式成果表

序号	所在地区	城市名称	暴雨强度公式	$T_M=2a$ q_{20}	起止年份	资料年份	选样方法	理论分布
1	山西省	右玉	$i=\dfrac{23.0610+16.6530\lg T}{(t+18.5010)^{0.9989}}$	122	1961～2000	40	年最大值	耿贝尔
2		大同	$i=\dfrac{52.7788+67.0272\lg T}{(t+27.3881)^{1.1869}}$	125	1961～1985 1988～2000	38	年最大值	耿贝尔
3		河曲	$i=\dfrac{12.3150+12.7428\lg T}{(t+13.6177)^{0.8768}}$	124	1961～2000	40	年最大值	耿贝尔
4		五寨	$i=\dfrac{10.9514+12.4375\lg T}{(t+13.3727)^{0.8674}}$	117	1961～2000	40	年最大值	耿贝尔
5		兴县	$i=\dfrac{6.6447+6.7683\lg T}{(t+11.8951)^{0.6921}}$	132	1961～2000	40	年最大值	耿贝尔
6		原平	$i=\dfrac{5.0334+4.8905\lg T}{(t+6.9636)^{0.6751}}$	117	1961～2000	40	年最大值	耿贝尔
7		吕梁	$i=\dfrac{5.5827+6.3806\lg T}{(t+10.5028)^{0.6811}}$	122	1961～1967 1971 1973～1974 1977～2000	34	年最大值	耿贝尔
8		太原	$i=\dfrac{11.7502+15.6497\lg T}{(t+19.7773)^{0.8109}}$	138	1961～2000	40	年最大值	耿贝尔
9		阳泉	$i=\dfrac{22.3547+19.7613\lg T}{(t+24.3089)^{0.8797}}$	168	1961～1967 1969～2000	39	年最大值	耿贝尔
10		榆社	$i=\dfrac{10.1693+8.1804\lg T}{(t+11.6713)^{07541}}$	156	1961～2000	40	年最大值	耿贝尔
11		隰县	$i=\dfrac{14.5559+13.1389\lg T}{(t+16.0351)^{08560}}$	144	1961～2000	40	年最大值	耿贝尔
12		介休	$i=\dfrac{27.8204+33.8542\lg T}{(t+21.7499)^{1.0447}}$	128	1962～2000	39	年最大值	耿贝尔
13		临汾	$i=\dfrac{27.5726+21.0523\lg T}{(t+24.5010)^{0.9903}}$	132	1961～1967 1970～1972 1974～2000	37	年最大值	耿贝尔

续表

序号	所在地区	城市名称	暴雨强度公式	$T_M=2a$ q_{20}	起止年份	资料年份	选样方法	理论分布
14	山西省	长治县	$i=\dfrac{23.5689+27.7041\lg T}{(t+28.5762)^{0.8844}}$	172	1973～2000	28	年最大值	耿贝尔
15		长治市	$i=\dfrac{7.1896+5.2822\lg T}{(t+8.9531)^{0.6178}}$	183	1961～1985	25	年最大值	耿贝尔
16		运城	$i=\dfrac{5.8541+6.5010\lg T}{(t+11.0539)^{0.6501}}$	140	1961～2000	40	年最大值	耿贝尔
17		侯马	$i=\dfrac{58.3408+69.1651\lg T}{(t+29.6012)^{1.1439}}$	152	1961～2000	40	年最大值	耿贝尔
18		阳城	$i=\dfrac{23.2073+19.6143\lg T}{(t+20.4086)^{0.9397}}$	150	1961～2000	40	年最大值	耿贝尔

内蒙古自治区城市暴雨强度公式编制站点分布图

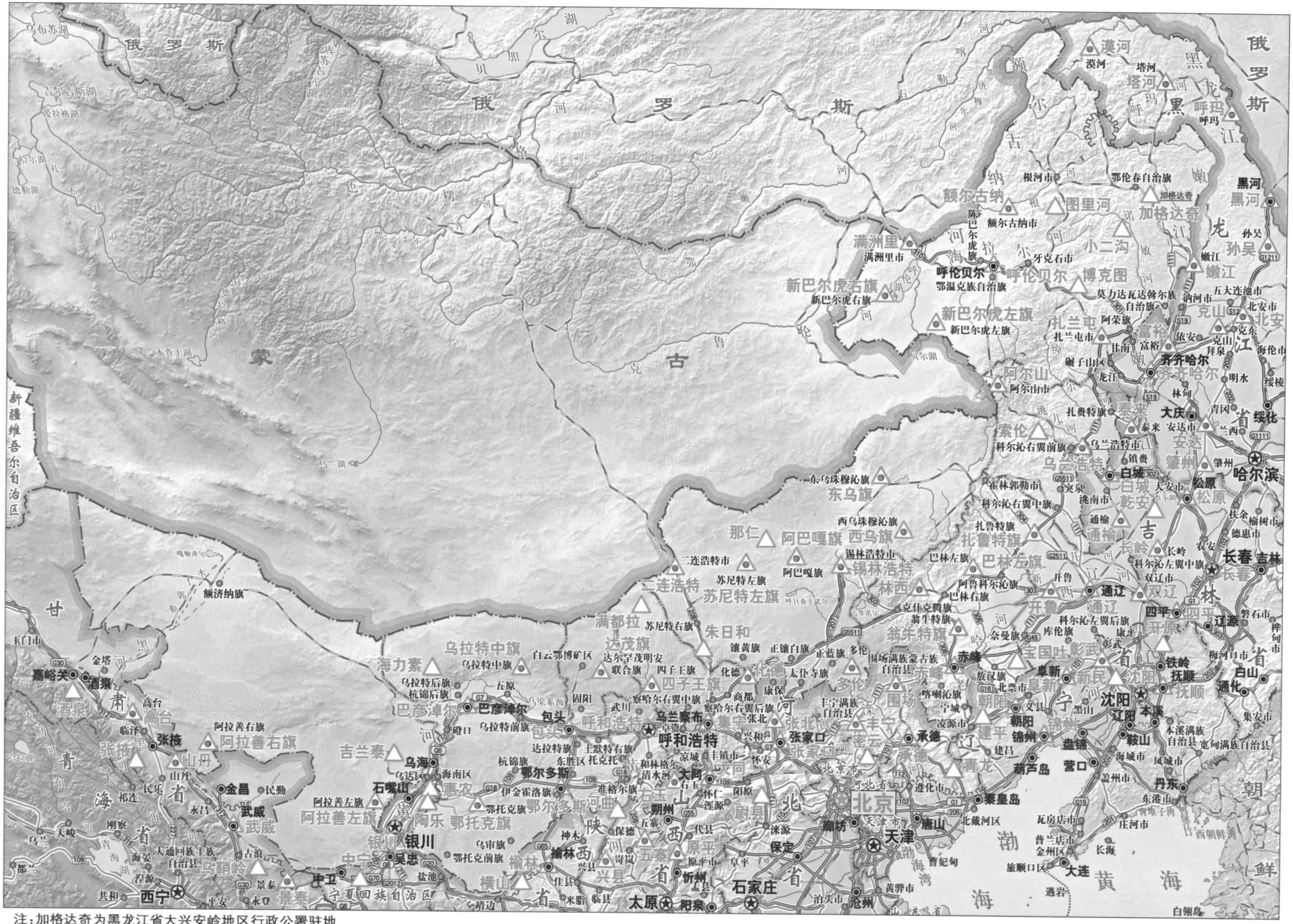

比例尺 1：1017 万 0 101.7 203.4 305.1 km

注：加格达奇为黑龙江省大兴安岭地区行政公署驻地

内蒙古自治区城市暴雨强度公式成果表

序号	所在地区	城市名称	暴雨强度公式	$T_M=2a$ q_{20}	起止年份	资料年份	选样方法	理论分布
1	内蒙古自治区	额尔古纳右旗	$i=\dfrac{12.1046+11.2379\lg T}{(t+14.4813)^{0.8718}}$	118	1961～1966 1972～1977 1980～2000	33	年最大值	耿贝尔
2		图里河	$i=\dfrac{8.7111+9.7369\lg T}{(t+12.0163)^{0.8042}}$	120	1961～2000	40	年最大值	耿贝尔
3		满洲里	$i=\dfrac{840.7198+1551.9413\lg T}{(t+67.7855)^{1.6329}}$	146	1981～1999	19	年最大值	耿贝尔
4		呼伦贝尔	$i=\dfrac{53.1015+60.4246\lg T}{(t+21.8981)^{1.2147}}$	127	1961～1968 1971～2000	38	年最大值	耿贝尔
5		小二沟	$i=\dfrac{42.1516+58.1799\lg T}{(t+22.7562)^{1.0996}}$	160	1961～1967 1976～2000	32	年最大值	耿贝尔
6		新巴尔虎右旗	$i=\dfrac{22.3396+32.9836\lg T}{(t+13.6083)^{1.1333}}$	100	1961～1966 1974～2000	31	年最大值	耿贝尔
7		新巴尔虎左旗	$i=\dfrac{8.8796+13.6954\lg T}{(t+10.2803)^{0.8573}}$	116	1980～2000	21	年最大值	耿贝尔
8		博克图	$i=\dfrac{8.8347+11.4104\lg T}{(t+12.3045)^{0.8064}}$	124	1961～2000	40	年最大值	耿贝尔
9		扎兰屯市	$i=\dfrac{18.6993+17.8376\lg T}{(t+18.5537)^{0.8907}}$	155	1961～2000	40	年最大值	耿贝尔
10		阿尔山市	$i=\dfrac{15.0283+20.0222\lg T}{(t+16.7837)^{0.9604}}$	110	1961～1966 1972～2000	34	年最大值	耿贝尔
11		索伦	$i=\dfrac{7.7852+6.3152\lg T}{(t+9.2556)^{0.7319}}$	136	1961～1968 1970～2000	39	年最大值	耿贝尔
12		乌兰浩特市	$i=\dfrac{15.878+18.6628\lg T}{(t+13.3447)^{08746}}$	167	1961～1967 1971～2000	37	年最大值	耿贝尔
13		东乌旗	$i=\dfrac{38.4441+42.7761\lg T}{(t+17.1839)^{1.2004}}$	111	1961～2000	40	年最大值	耿贝尔
14		阿拉善右旗	$i=\dfrac{3.0478+13.0833\lg T}{(t+10.0316)^{0.9756}}$	42	1981～2000	20	年最大值	耿贝尔

续表

序号	所在地区	城市名称	暴雨强度公式	$T_M=2a$ q_{20}	起止年份	资料年份	选样方法	理论分布
15	内蒙古自治区	二连浩特市	$i=\dfrac{19.9854+39.5482\lg T}{(t+15.3964)^{1.2024}}$	73	1961～2000	40	年最大值	耿贝尔
16		那仁	$i=\dfrac{25.1472+38.1353\lg T}{(t+17.3631)^{1.1233}}$	105	1961～2000	40	年最大值	耿贝尔
17		满都拉	$i=\dfrac{28.7469+48.2968\lg T}{(t+16.6044)^{1.2465}}$	81	1961～1962 1965～1966 1973～2000	32	年最大值	耿贝尔
18		阿巴嘎旗	$i=\dfrac{6.4877+5.6686\lg T}{(t+7.5294)^{0.7961}}$	98	1961～2000	40	年最大值	耿贝尔
19		苏尼特左旗	$i=\dfrac{8.1509+10.2315\lg T}{(t+9.0557)^{0.9131}}$	86	1961～2000	40	年最大值	耿贝尔
20		海力素	$i=\dfrac{1.6072+2.4356\lg T}{(t+2.4897)^{0.6151}}$	57	1961 1963～1964 1975～2000	29	年最大值	耿贝尔
21		朱日和	$i=\dfrac{24.104+40.6286\lg T}{(t+21.1825)^{1.0753}}$	111	1961～2000	40	年最大值	耿贝尔
22		乌拉特中旗	$i=\dfrac{6.6832+9.5255\lg T}{(t+8.7033)^{0.8267}}$	99	1961～1966 1975～2000	32	年最大值	耿贝尔
23		达茂旗	$i=\dfrac{39.9997+60.5393\lg T}{(t+27.7736)^{1.1648}}$	107	1961～2000	40	年最大值	耿贝尔
24		四子王旗	$i=\dfrac{11.1034+16.8035\lg T}{(t+13.9767)^{0.9208}}$	105	1961～2000	40	年最大值	耿贝尔
25		化德县	$i=\dfrac{14.8747+16.3843\lg T}{(t+14.7923)^{0.9652}}$	107	1961～2000	40	年最大值	耿贝尔
26		包头市	$i=\dfrac{30.5227+38.0455\lg T}{(t+19.4798)^{1.0825}}$	131	1961～2000	40	年最大值	耿贝尔
27		呼和浩特市	$i=\dfrac{5.8426+5.6752\lg T}{(t+7.8388)^{0.7464}}$	105	1961～2000	40	年最大值	耿贝尔
28		集宁	$i=\dfrac{96.2918+119.8345\lg T}{(t+28.4368)^{1.3291}}$	127	1961～2000	40	年最大值	耿贝尔
29		吉兰泰	$i=\dfrac{10.0736+34.4777\lg T}{(t+18.7729)^{1.0896}}$	63	1981～2000	20	年最大值	耿贝尔

续表

序号	所在地区	城市名称	暴雨强度公式	$T_M=2a$ q_{20}	起止年份	资料年份	选样方法	理论分布
30	内蒙古自治区	巴彦淖尔	$i=\dfrac{7.6115+14.9498\lg T}{(t+11.1994)^{0.9225}}$	84	1961～2000	40	年最大值	耿贝尔
31		鄂托克旗	$i=\dfrac{2.4813+4.1912\lg T}{(t+1.3834)^{0.5926}}$	102	1961～2000	40	年最大值	耿贝尔
32		鄂尔多斯	$i=\dfrac{4.9002+6.2842\lg T}{(t+9.2773)^{0.6586}}$	122	1961～2000	40	年最大值	耿贝尔
33		阿拉善左旗	$i=\dfrac{3.739+5.781\lg T}{(t+7.7633)^{0.7581}}$	74	1981～2000	20	年最大值	耿贝尔
34		西乌旗	$i=\dfrac{32.9616+46.3003\lg T}{(t+22.3664)^{1.1089}}$	123	1961～2000	40	年最大值	耿贝尔
35		扎鲁特旗	$i=\dfrac{136.2022+192.8199\lg T}{(t+43.7503)^{1.2865}}$	154	1961～1968 1971～2000	38	年最大值	耿贝尔
36		巴林左旗	$i=\dfrac{23.026+30.0397\lg T}{(t+16.776)^{1.0011}}$	145	1961～2000	40	年最大值	耿贝尔
37		锡林浩特市	$i=\dfrac{45.9624+69.0823\lg T}{(t+21.4322)^{1.2363}}$	111	1961～2000	40	年最大值	耿贝尔
38		林西县	$i=\dfrac{11.7977+13.0141\lg T}{(t+12.6001)^{0.8341}}$	143	1961～2000	40	年最大值	耿贝尔
39		开鲁县	$i=\dfrac{17.2613+22.2528\lg T}{(t+15.8872)^{0.9234}}$	146	1961～2000	40	年最大值	耿贝尔
40		通辽市	$i=\dfrac{30.8036+41.0012\lg T}{(t+24.9657)^{1.0007}}$	160	1962～1968 1970～2000	38	年最大值	耿贝尔
41		多伦县	$i=\dfrac{6.7584+10.5032\lg T}{(t+12.7749)^{0.7145}}$	137	1961～1993 1995～2000	39	年最大值	耿贝尔
42		翁牛特旗	$i=\dfrac{42.7172+45.7494\lg T}{(t+23.0691)^{1.1026}}$	149	1961～2000	40	年最大值	耿贝尔
43		赤峰市	$i=\dfrac{9.277+9.6179\lg T}{(t+9.9752)^{0.8195}}$	125	1981～2000	40	年最大值	耿贝尔
44		宝国图	$i=\dfrac{65.285+76.6224\lg T}{(t+27.9258)^{1.1603}}$	165	1961～2000	40	年最大值	耿贝尔

辽宁省城市暴雨强度公式编制站点分布图

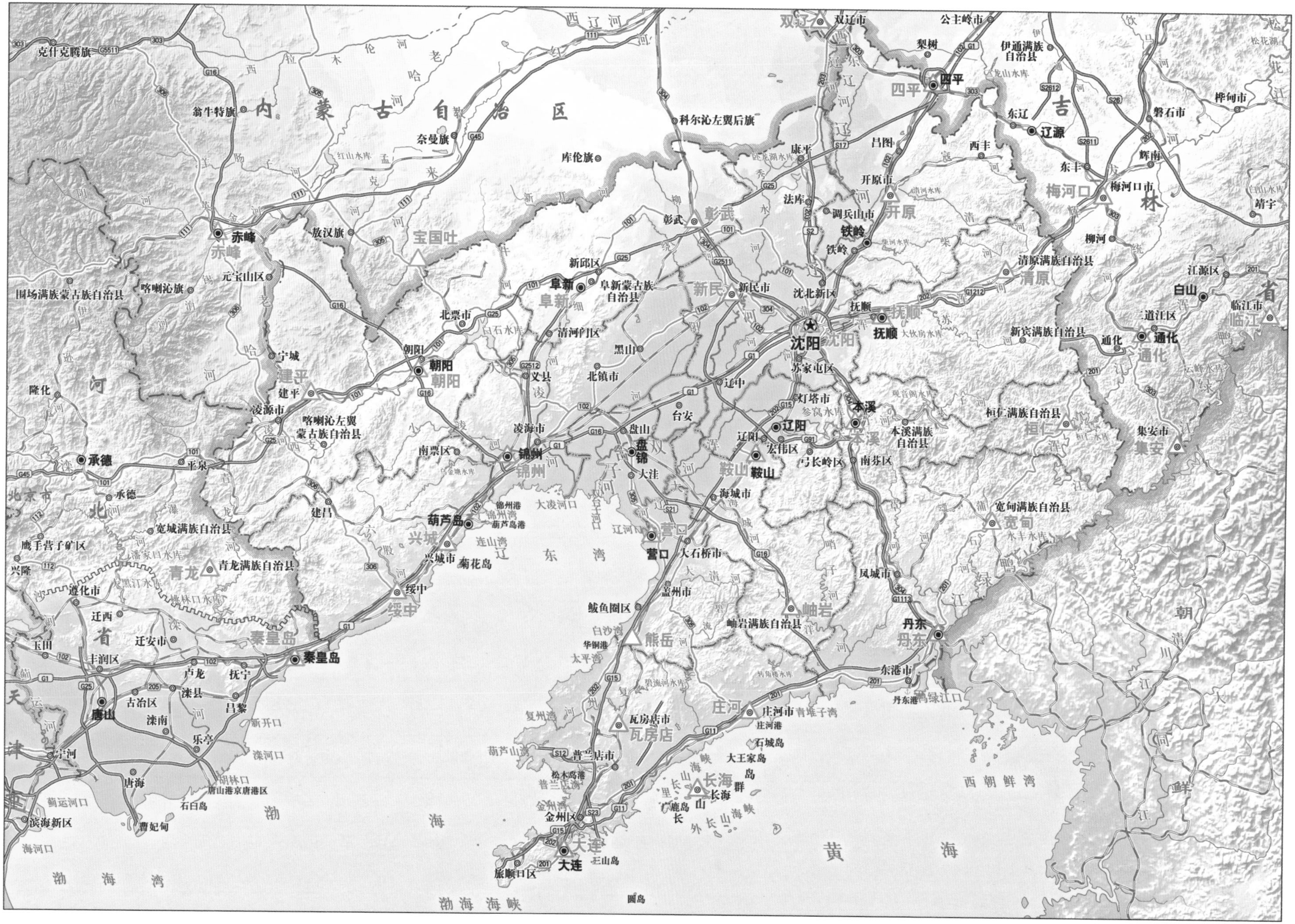

比例尺 1：323 万　0　32.3　64.6　96.9km

辽宁省城市暴雨强度公式成果表

序号	所在地区	城市名称	暴雨强度公式	$T_M=2a$ q_{20}	起止年份	资料年份	选样方法	理论分布
1	辽宁省	彰武	$i=\dfrac{21.0853+17.0233\lg T}{(t+17.6089)^{0.885}}$	176	1961～2000	40	年最大值	耿贝尔
2		阜新	$i=\dfrac{5.4428+4.088\lg T}{(t+3.3729)^{0.6342}}$	151	1961～2000	40	年最大值	耿贝尔
3		开原	$i=\dfrac{10.6396+10.7385\lg T}{(t+8.9363)^{0.77}}$	173	1962～2000	39	年最大值	耿贝尔
4		清原	$i=\dfrac{36.4119+31.0309\lg T}{(t+22.7717)^{1.0161}}$	168	1961～2000	40	年最大值	耿贝尔
5		朝阳	$i=\dfrac{24.4983+23.9842\lg T}{(t+18.9167)^{0.9208}}$	182	1961～2000	40	年最大值	耿贝尔
6		建平县	$i=\dfrac{9.7552+6.9852\lg T}{(t+9.6159)^{0.7603}}$	150	1961～2000	40	年最大值	耿贝尔
7		新民	$i=\dfrac{6.7608+4.7364\lg T}{(t+8.4503)^{0.5982}}$	184	1961 1965～1967 1973～2000	32	年最大值	耿贝尔
8		锦州	$i=\dfrac{21.3023+20.4563\lg T}{(t+22.1966)^{0.8414}}$	196	1961～2000	40	年最大值	耿贝尔
9		鞍山	$i=\dfrac{6.5937+4.3744\lg T}{(t+7.6236)^{0.6018}}$	179	1961～2000	40	年最大值	耿贝尔
10		沈阳	$i=\dfrac{4.8712+3.6044\lg T}{(t+3.9469)^{0.5538}}$	171	1961～1985 1989～2000	37	年最大值	耿贝尔
11		本溪	$i=\dfrac{9.6358+7.2175\lg T}{(t+10.3221)^{0.6975}}$	182	1961～2000	40	年最大值	耿贝尔
12		抚顺	$i=\dfrac{59.5931+58.0404\lg T}{(t+28.0394)^{1.0928}}$	187	1963～2000	38	年最大值	耿贝尔
13		桓仁	$i=\dfrac{7.707+4.7814\lg T}{(t+7.81)^{0.6903}}$	154	1961～2000	40	年最大值	耿贝尔

续表

序号	所在地区	城市名称	暴雨强度公式	$T_M=2a$ q_{20}	起止年份	资料年份	选样方法	理论分布
14	辽宁省	绥中	$i=\dfrac{4.6425+4.4636\lg T}{(t+6.0359)^{0.5323}}$	176	1961～2000	40	年最大值	耿贝尔
15		兴城	$i=\dfrac{5.1025+5.4494\lg T}{(t+8.0822)^{0.5463}}$	182	1963～2000	38	年最大值	耿贝尔
16		营口	$i=\dfrac{11.4888+12.9553\lg T}{(t+14.1811)^{0.733}}$	193	1961～2000	40	年最大值	耿贝尔
17		熊岳	$i=\dfrac{5.8791+4.8711\lg T}{(t+6.8602)^{0.5924}}$	174	1961～2000	40	年最大值	耿贝尔
18		岫岩	$i=\dfrac{11.0735+8.9121\lg T}{(t+11.4656)^{0.7277}}$	186	1961～2000	40	年最大值	耿贝尔
19		宽甸	$i=\dfrac{3.6019+2.5126\lg T}{(t+2.2544)^{0.4393}}$	186	1961～2000	40	年最大值	耿贝尔
20		丹东	$i=\dfrac{4.6218+3.7626\lg T}{(t+5.393)^{0.4952}}$	193	1961～2000	40	年最大值	耿贝尔
21		瓦房店	$i=\dfrac{5.4332+4.8860\lg T}{(t+5.0879)^{0.5864}}$	174	1961～2000	40	年最大值	耿贝尔
22		长海	$i=\dfrac{24.8282+28.5638\lg T}{(t+19.5682)^{0.9353}}$	179	1974～2000	27	年最大值	耿贝尔
23		庄河	$i=\dfrac{4.898+3.5169\lg T}{(t+6.5324)^{0.5024}}$	191	1961～2000	40	年最大值	耿贝尔
24		大连	$i=\dfrac{4.1343+3.4026\lg T}{(t+5.6349)^{0.4833}}$	179	1961～2000	40	年最大值	耿贝尔

吉林省城市暴雨强度公式编制站点分布图

比例尺 1：369万　0　36.9　73.8　110.7km

吉林省城市暴雨强度公式成果表

序号	所在地区	城市名称	暴雨强度公式	$T_M=2a$ q_{20}	起止年份	资料年份	选择方法	理论分布
1	吉林省	白城	$i=\dfrac{60.3198+63.7533\lg T}{(t+31.4044)^{1.0937}}$	178	1961～2000	40	年最大值	耿贝尔
2		乾安	$i=\dfrac{10.2552+11.1632\lg T}{(t+11.2397)^{0.762}}$	165	1961～2000	40	年最大值	耿贝尔
3		前郭	$i=\dfrac{46.8554+42.1657\lg T}{(t+22.2133)^{1.1096}}$	156	1961～2000	40	年最大值	耿贝尔
4		通榆	$i=\dfrac{4.8966+4.2611\lg T}{(t+4.5762)^{0.5917}}$	155	1961～2000	40	年最大值	耿贝尔
5		长岭	$i=\dfrac{15.1969+11.7812\lg T}{(t+15.4998)^{0.8206}}$	167	1961～2000	40	年最大值	耿贝尔
6		扶余	$i=\dfrac{7.2518+8.7464\lg T}{(t+5.4619)^{0.7344}}$	153	1961～2000	40	年最大值	耿贝尔
7		双辽	$i=\dfrac{9.423+7.1920\lg T}{(t+10.8802)^{0.7051}}$	172	1961～2000	40	年最大值	耿贝尔
8		四平	$i=\dfrac{35.1681+30.9102\lg T}{(t+17.9816)^{1.015}}$	185	1961～2000	40	年最大值	耿贝尔
9		长春	$i=\dfrac{8.1516+6.5676\lg T}{(t+9.1727)^{0.6532}}$	186	1961～2000	40	年最大值	耿贝尔
10		永吉	$i=\dfrac{8.269+6.8324\lg T}{(t+6.7493)^{0.7154}}$	164	1977～2000	24	年最大值	耿贝尔
11		蛟河	$i=\dfrac{16.7117+13.9417\lg T}{(t+11.8933)^{0.9244}}$	142	1961～2000	40	年最大值	耿贝尔
12		敦化	$i=\dfrac{7.7101+8.0448\lg T}{(t+7.7853)^{0.7365}}$	146	1961～2000	40	年最大值	耿贝尔
13		汪清	$i=\dfrac{6.286+5.9565\lg T}{(t+4.9787)^{0.7364}}$	126	1961～2000	40	年最大值	耿贝尔

续表

序号	所在地区	城市名称	暴雨强度公式	$T_M=2a$ q_{20}	起止年份	资料年份	选样方法	理论分布
14	吉林省	磐石	$i=\frac{3.4268+3.3917\lg T}{(t+3.1359)^{0.4813}}$	163	1961～2000	40	年最大值	耿贝尔
15		梅河口	$i=\frac{16.672+14.9362\lg T}{(t+14.3037)^{0.8557}}$	171	1961～2000	40	年最大值	耿贝尔
16		桦甸	$i=\frac{31.1844+27.8096\lg T}{(t+21.7049)^{0.9869}}$	166	1961～2000	40	年最大值	耿贝尔
17		靖宇	$i=\frac{10.4715+7.5909\lg T}{(t+9.5397)^{0.8199}}$	132	1961～2000	40	年最大值	耿贝尔
18		东岗	$i=\frac{34.5034+24.5609\lg T}{(t+21.919)^{1.0237}}$	152	1961～2000	40	年最大值	耿贝尔
19		二道	$i=\frac{5.8919+5.2589\lg T}{(t+5.5192)^{0.7007}}$	129	1961～2000	40	年最大值	耿贝尔
20		延吉	$i=\frac{11.5602+11.4982\lg T}{(t+9.4634)^{0.8395}}$	146	1961 1963～2000	39	年最大值	耿贝尔
21		通化	$i=\frac{19.3827+17.3536\lg T}{(t+16.9722)^{0.8935}}$	163	1961～2000	40	年最大值	耿贝尔
22		临江	$i=\frac{11.0621+10.2632\lg T}{(t+10.0649)^{0.8528}}$	130	1961～2000	40	年最大值	耿贝尔
23		集安	$i=\frac{4.8417+2.9402\lg T}{(t+2.0829)^{0.6392}}$	132	1961～2000	40	年最大值	耿贝尔
24		长白	$i=\frac{31.7953+25.5375\lg T}{(t+19.5786)^{1.0895}}$	120	1961～2000	40	年最大值	耿贝尔

黑龙江省城市暴雨强度公式编制站点分布图

注：大兴安岭地区行政公署驻内蒙古自治区加格达奇

比例尺 1：589万

0　58.9　117.8　176.7km

黑龙江省城市暴雨强度公式成果表

序号	所在地区	城市名称	暴雨强度公式	$T_M=2a$ q_{20}	起止年份	资料年份	选样方法	理论分布
1	黑龙江省	漠河	$i=\frac{19.8618+21.6727\lg T}{(t+16.9877)^{1.0103}}$	115	1966～2000	35	年最大值	耿贝尔
2		塔河	$i=\frac{12.7068+13.4596\lg T}{(t+10.5972)^{0.9373}}$	113	1974～2000	27	年最大值	耿贝尔
3		新林	$i=\frac{70.7678+61.2683\lg T}{(t+26.658)^{1.2351}}$	129	1974～2000	27	年最大值	耿贝尔
4		呼玛	$i=\frac{7.9801+9.6693\lg T}{(t+11.7794)^{0.7705}}$	126	1961～2000	40	年最大值	耿贝尔
5		加格达奇	$i=\frac{19.001+13.1787\lg T}{(t+18.0904)^{0.909}}$	140	1970～2000	31	年最大值	耿贝尔
6		黑河	$i=\frac{6.9886+6.8075\lg T}{(t+9.3512)^{0.7025}}$	140	1961～2000	40	年最大值	耿贝尔
7		嫩江	$i=\frac{8.6571+5.6981\lg T}{(t+10.1378)^{0.7437}}$	137	1961～2000	40	年最大值	耿贝尔
8		孙吴	$i=\frac{130.5962+109.9392\lg T}{(t+37.5977)^{1.2587}}$	166	1961～2000	40	年最大值	耿贝尔
9		北安	$i=\frac{35.0826+34.4461\lg T}{(t+27.853)^{1.0037}}$	156	1961 1963～2000	39	年最大值	耿贝尔
10		克山	$i=\frac{68.0503+69.3122\lg T}{(t+28.5127)^{1.1577}}$	166	1961～2000	40	年最大值	耿贝尔
11		富裕	$i=\frac{65.5439+51.3478\lg T}{(t+27.9744)^{1.1528}}$	156	1961～2000	40	年最大值	耿贝尔
12		齐齐哈尔	$i=\frac{163.5272+139.8878\lg T}{(t+44.9019)^{1.3016}}$	150	1961～2000	40	年最大值	耿贝尔
13		海伦	$i=\frac{20.2139+13.0648\lg T}{(t+14.9723)^{0.9111}}$	158	1961～2000	40	年最大值	耿贝尔

续表

序号	所在地区	城市名称	暴雨强度公式	$T_M=2a$ q_{20}	起止年份	资料年份	选样方法	理论分布
14	黑龙江省	明水	$i=\dfrac{175.3534+146.5047\lg T}{(t+42.4488)^{1.3077}}$	164	1961～2000	40	年最大值	耿贝尔
15		伊春	$i=\dfrac{21.4295+19.0868\lg T}{(t+17.1268)^{0.939}}$	152	1961～2000	40	年最大值	耿贝尔
16		鹤岗	$i=\dfrac{37.6109+37.4158\lg T}{(t+18.5883)^{1.0718}}$	162	1961～2000	40	年最大值	耿贝尔
17		富锦	$i=\dfrac{13.8814+11.874\lg T}{(t+16.4128)^{0.8281}}$	148	1961～2000	40	年最大值	耿贝尔
18		泰来	$i=\dfrac{13.7662+11.5816\lg T}{(t+13.4106)^{0.8644}}$	139	1961～2000	40	年最大值	耿贝尔
19		绥化	$i=\dfrac{21.8067+16.6866\lg T}{(t+16.4579)^{0.8907}}$	182	1961～2000	40	年最大值	耿贝尔
20		安达	$i=\dfrac{101.0732+93.1757\lg T}{(t+33.6625)^{1.1893}}$	189	1961～2000	40	年最大值	耿贝尔
21		铁力	$i=\dfrac{69.4941+59.6394\lg T}{(t+35.4505)^{1.0856}}$	186	1961 1963～2000	39	年最大值	耿贝尔
22		佳木斯	$i=\dfrac{9.5676+8.1516\lg T}{(t+13.0951)^{0.7458}}$	147	1961～1980	40	年最大值	耿贝尔
23		依兰	$i=\dfrac{6.8604+5.3054\lg T}{(t+6.6365)^{0.6949}}$	144	1961～1980 1982～2000	39	年最大值	耿贝尔
24		宝清	$i=\dfrac{10.34+7.2325\lg T}{(t+12.1654)^{0.7327}}$	164	1961～2000	40	年最大值	耿贝尔
25		肇州	$i=\dfrac{35.4537+30.2389\lg T}{(t+22.395)^{0.9954}}$	178	1961～2000	40	年最大值	耿贝尔
26		哈尔滨	$i=\dfrac{33.3953+33.8256\lg T}{(t+17.8114)^{1.055}}$	157	1961～2000	40	年最大值	耿贝尔
27		通河	$i=\dfrac{12.4065+12.4114\lg T}{(t+11.7705)^{0.8427}}$	146	1961～2000	40	年最大值	耿贝尔

续表

序号	所在地区	城市名称	暴雨强度公式	$T_M=2a$ q_{20}	起止年份	资料年份	选样方法	理论分布
28	黑龙江省	尚志	$i=\dfrac{55.3463+40.7661\lg T}{(t+22.2422)^{1.1495}}$	152	1961～2000	40	年最大值	耿贝尔
29		鸡西	$i=\dfrac{19.5091+21.3067\lg T}{(t+17.5513)^{0.9528}}$	137	1961～2000	40	年最大值	耿贝尔
30		虎林	$i=\dfrac{11.6654+13.6975\lg T}{(t+10.2431)^{0.8781}}$	132	1962 1965～2000	37	年最大值	耿贝尔
31		牡丹江	$i=\dfrac{7.9955+8.9759\lg T}{(t+7.8513)^{0.8061}}$	122	1961～2000	40	年最大值	耿贝尔
32		绥芬河	$i=\dfrac{44.6054+43.3092\lg T}{(t+24.3231)^{1.0862}}$	156	1961～2000	40	年最大值	耿贝尔

沪、苏城市暴雨强度公式编制站点分布图

比例尺 1∶308万

0 30.8 61.6 92.4km

沪、苏城市暴雨强度公式成果表

序号	所在地区	城市名称	暴雨强度公式	$T_M=2a$ q_{20}	起止年份	资料年份	选样方法	理论分布
1	上海	宝山	$i=\dfrac{24.2623+21.3515\lg T}{(t+23.3759)^{0.8642}}$	197	1965～2000	36	年最大值	耿贝尔
2	江苏省	徐州	$i=\dfrac{21.3639+18.2623\lg T}{(t+23.1084)^{0.7897}}$	229	1965～1968 1970～2000	35	年最大值	耿贝尔
3		赣榆	$i=\dfrac{8.8976+7.957\lg T}{(t+11.9895)^{0.6076}}$	229	1961～2000	40	年最大值	耿贝尔
4		盱眙	$i=\dfrac{17.6717+12.6339\lg T}{(t+21.395)^{0.7352}}$	232	1961～2000	40	年最大值	耿贝尔
5		淮安	$i=\dfrac{208.3906+160.6643\lg T}{(t+56.1729)^{1.2032}}$	233	1961～2000	40	年最大值	耿贝尔
6		射阳	$i=\dfrac{28.0024+20.7899\lg T}{(t+24.6686)^{0.8506}}$	226	1961～2000	40	年最大值	耿贝尔
7		南京	$i=\dfrac{145.223+121.4918\lg T}{(t+35.7266)^{1.2341}}$	212	1961～2000	40	年最大值	耿贝尔
8		高邮	$i=\dfrac{16.823+12.8748\lg T}{(t+17.2903)^{0.7836}}$	203	1961～2000	40	年最大值	耿贝尔
9		东台	$i=\dfrac{26.7662+18.0454\lg T}{(t+21.6494)^{0.8461}}$	229	1961～2000	40	年最大值	耿贝尔
10		南通	$i=\dfrac{35.1113+26.2639\lg T}{(t+31.3632)^{0.8977}}$	209	1961～2000	40	年最大值	耿贝尔
11		吕泗	$i=\dfrac{67.3601+61.8921\lg T}{(t+36.7516)^{1.0369}}$	218	1961～2000	40	年最大值	耿贝尔
12		常州	$i=\dfrac{183.5825+126.3024\lg T}{(t+51.4879)^{1.2021}}$	218	1961～2000	40	年最大值	耿贝尔
13		溧阳	$i=\dfrac{263.8418+194.5856\lg T}{(t+57.0684)^{1.2716}}$	214	1961～2000	40	年最大值	耿贝尔
14		东山	$i=\dfrac{46.4033+37.1535\lg T}{(t+24.0768)^{0.9867}}$	229	1961～2000	40	年最大值	耿贝尔
15		镇江	$i=\dfrac{38.3623+39.0267\lg T}{(t+19.1377)^{0.975}}$	234	1980～2010	31	年最大值	耿贝尔
16		镇江	$i=\dfrac{12.5596+14.6953\lg T}{(t+10.6421)^{0.7436}}$		1980～2010	31	年最大值	PIII分布

注：镇江15式为5～120min，16式为5～1440min；公式于2014年由江苏省住建厅组织评审，镇江市人民政府发布。

浙江省城市暴雨强度公式编制站点分布图

比例尺 1∶274万 0 27.4 54.8 82.2km

浙江省城市暴雨强度公式成果表

序号	所在地区	城市名称	暴雨强度公式	$T_M=2a$ q_{20}	起止年份	资料年份	选样方法	理论分布
1	浙江省	杭州	$i=\frac{56.6936+53.4756\lg T}{(t+31.5464)^{1.0083}}$	232	1959～2006	48	年最大值	耿贝尔
2		临安	$i=\frac{7.8458+6.1543\lg T}{(t+6.1241)^{0.6234}}$	212	1965～2006	36	年最大值	耿贝尔
3		富阳	$i=\frac{19.5222+13.3125\lg T}{(t+19.5835)^{0.7907}}$	214	1962～2006	45	年最大值	耿贝尔
4		桐庐	$i=\frac{36.6758+25.22\lg T}{(t+28.1488)^{0.9403}}$	194	1962～1995	34	年最大值	耿贝尔
5		建德	$i=\frac{16.4769+13.2369\lg T}{(t+13.4273)^{0.8058}}$	202	1961～2006	45	年最大值	耿贝尔
6		淳安	$i=\frac{11.176+8.892\lg T}{(t+11.47)^{0.734}}$	184	1959～2006	45	年最大值	耿贝尔
7		宁波	$i=\frac{99.3797+85.0376\lg T}{(t+32.196)^{1.1131}}$	256	1964～2006	43	年最大值	耿贝尔
8		余姚	$i=\frac{15.3559+12.0264\lg T}{(t+13.4739)^{0.7514}}$	227	1965～2006	42	年最大值	耿贝尔
9		慈溪	$i=\frac{32.9367+24.0789\lg T}{(t+29.7671)^{0.8601}}$	233	1966～2006	36	年最大值	耿贝尔
10		鄞州	$i=\frac{7.004+7.683\lg T}{(t+6.536)^{0.613}}$	209	1961～2006	39	年最大值	耿贝尔
11		奉化	$i=\frac{67.9117+51.5519\lg T}{(t+29.2942)^{1.0409}}$	241	1962～2006	45	年最大值	耿贝尔
12		镇海	$i=\frac{64.2201+51.5724\lg T}{(t+32.1349)^{1.0074}}$	248	1958～2006	46	年最大值	耿贝尔
13		宁海	$i=\frac{16.5387+10.6686\lg T}{(t+15.4347)^{0.7097}}$	262	1957～2006	48	年最大值	耿贝尔
14		象山	$i=\frac{9.6685+10.0379\lg T}{(t+9.8225)^{0.6549}}$	229	1958～1996	36	年最大值	耿贝尔

续表

序号	所在地区	城市名称	暴雨强度公式	$T_M=2a$ q_{20}	起止年份	资料年份	选样方法	理论分布
15	浙江省	温州	$i=\dfrac{4.5453+3.2314\lg T}{(t+3.5282)^{0.4217}}$	243	1965～2006	42	年最大值	耿贝尔
16		瑞安	$i=\dfrac{14.178+9.8938\lg T}{(t+16.2981)^{0.7156}}$	219	1958～2006	49	年最大值	耿贝尔
17		乐清	$i=\dfrac{7.1714+4.8409\lg T}{(t+10.7238)^{0.538}}$	228	1963～2006	44	年最大值	耿贝尔
18		永嘉	$i=\dfrac{11.4402+7.8583\lg T}{(t+14.4968)^{0.6158}}$	260	1957、1958 1960～2006	49	年最大值	耿贝尔
19		平阳	$i=\dfrac{6.883+5.342\lg T}{(t+8.0564)^{0.5417}}$	233	1958～2006	49	年最大值	耿贝尔
20		苍南	$i=\dfrac{6.6452+3.9525\lg T}{(t+9.5714)^{0.5057}}$	236	1970～2006	37	年最大值	耿贝尔
21		文成	$i=\dfrac{18.2069+11.3194\lg T}{(t+15.2366)^{0.7329}}$	265	1957～2006	50	年最大值	耿贝尔
22		泰顺	$i=\dfrac{9.4509+6.6974\lg T}{(t+12.6483)^{0.5988}}$	237	1957 1962～1966 1970～2006	38	年最大值	耿贝尔
23		洞头	$i=\dfrac{12.3402+11.8302\lg T}{(t+16.9136)^{0.7558}}$	173	1971～2000	30	年最大值	耿贝尔
24		嘉兴	$i=\dfrac{10.641+7.1786\lg T}{(t+10.6469)^{0.6554}}$	227	1964～2006	43	年最大值	耿贝尔
25		海宁	$i=\dfrac{10.101+10.675\lg T}{(t+11.3)^{0.682}}$	212	1963、1965 1985～2006	32	年最大值	耿贝尔
26		平湖	$i=\dfrac{11.5143+10.3176\lg T}{(t+11.5739)^{0.6948}}$	222	1961～2006	46	年最大值	耿贝尔
27		桐乡	$i=\dfrac{26.7186+24.0879\lg T}{(t+22.9842)^{0.8761}}$	210	1962～2006	45	年最大值	耿贝尔
28		海盐	$i=\dfrac{24.979+32.147\lg T}{(t+18.321)^{0.9}}$	217	1964～2006	43	年最大值	耿贝尔
29		嘉善	$i=\dfrac{34.663+29.378\lg T}{(t+28.102)^{0.8773}}$	243	1957、1962 1974～2006	35	年最大值	耿贝尔

续表

序号	所在地区	城市名称	暴雨强度公式	$T_M=2a$ q_{20}	起止年份	资料年份	选样方法	理论分布
30	浙江省	湖州	$i=\frac{23.0904+22.8252\lg T}{(t+18.8619)^{0.8418}}$	230	1967～2006	40	年最大值	耿贝尔
31		长兴	$i=\frac{9.4085+8.9456\lg T}{(t+9.5661)^{0.6429}}$	229	1963～2006	44	年最大值	耿贝尔
32		安吉	$i=\frac{11.6426+7.6349\lg T}{(t+13.1221)^{0.6832}}$	213	1961、1962 1965～2006	44	年最大值	耿贝尔
33		德清	$i=\frac{5.0301+4.315\lg T}{(t+4.2982)^{0.4847}}$	225	1957 1962～2006	46	年最大值	耿贝尔
34		绍兴	$i=\frac{17.6354+13.4794\lg T}{(t+12.882)^{0.8111}}$	213	1962～2006	45	年最大值	耿贝尔
35		诸暨	$i=\frac{12.874+12.8877\lg T}{(t+9.867)^{0.7613}}$	211	1957～2006	50	年最大值	耿贝尔
36		上虞	$i=\frac{36.345+23.907\lg T}{(t+17.861)^{0.945}}$	235	1957、 1963、1964 1972～2006	38	年最大值	耿贝尔
37		嵊州	$i=\frac{48.544+39.895\lg T}{(t+22.695)^{1.026}}$	215	1961 1963～2006	45	年最大值	耿贝尔
38		新昌	$i=\frac{39.1404+29.3852\lg T}{(t+28.5894)^{0.9199}}$	225	1958 1960～2006	48	年最大值	耿贝尔
39		金华	$i=\frac{6.6499+6.2988\lg T}{(t+3.573)^{0.6156}}$	204	1965～2006	42	年最大值	耿贝尔
40		兰溪	$i=\frac{47.664+37.509\lg T}{(t+23.285)^{1.038}}$	197	1962～2006	45	年最大值	耿贝尔
41		东阳	$i=\frac{12.7294+11.5344\lg T}{(t+12.5739)^{0.7454}}$	202	1966～2006	41	年最大值	耿贝尔
42		义乌	$i=\frac{7.8816+6.5832\lg T}{(t+5.1288)^{0.662}}$	195	1958～1966 1968～2006	48	年最大值	耿贝尔
43		永康	$i=\frac{6.745+4.7287\lg T}{(t+6.7247)^{0.5854}}$	199	1961～1969 1972～1999 2001～2006	43	年最大值	耿贝尔
44		武义	$i=\frac{11.7692+7.9304\lg T}{(t+11.1753)^{0.7278}}$	193	1957～2006	48	年最大值	耿贝尔

续表

序号	所在地区	城市名称	暴雨强度公式	$T_M=2a$ q_{20}	起止年份	资料年份	选样方法	理论分布
45	浙江省	磐安	$i=\dfrac{18.3059+14.6133\lg T}{(t+18.1042)^{0.7818}}$	220	1956、1957 1961 1963～2006	47	年最大值	耿贝尔
46		浦江	$i=\dfrac{50.798+38.8012\lg T}{(t+25.7362)^{1.0267}}$	206	1980～2004	22	年最大值	耿贝尔
47		衢州	$i=\dfrac{16.2717+11.8841\lg T}{(t+14.8234)^{0.792}}$	199	1961～2006	46	年最大值	耿贝尔
48		江山	$i=\dfrac{8.7256+5.2346\lg T}{(t+7.6051)^{0.6254}}$	216	1958～1962 1964～2006	48	年最大值	耿贝尔
49		常山	$i=\dfrac{22.119+13.514\lg T}{(t+16.291)^{0.844}}$	211	1957～2006	49	年最大值	耿贝尔
50		开化	$i=\dfrac{9.5918+5.5203\lg T}{(t+8.3866)^{0.667}}$	202	1958～1962 1965～2006	47	年最大值	耿贝尔
51		龙游	$i=\dfrac{26.0261+22.3627\lg T}{(t+18.1314)^{0.9044}}$	203	1957、1961 1964～2006	45	年最大值	耿贝尔
52		舟山	$i=\dfrac{4.5888+3.9264\lg T}{(t+6.6499)^{0.5161}}$	177	1964～2006	43	年最大值	耿贝尔
53		定海	$i=\dfrac{23.3594+18.1138\lg T}{(t+20.1513)^{0.8476}}$	210	1958 1977～2006	30	年最大值	耿贝尔
54		嵊泗	$i=\dfrac{14.9533+12.6398\lg T}{(t+15.995)^{0.8253}}$	162	1963～2000	38	年最大值	耿贝尔
55		台州	$i=\dfrac{9.9251+6.1364\lg T}{(t+11.952)^{0.6305}}$	221	1965～2006	42	年最大值	耿贝尔
56		临海	$i=\dfrac{172.9317+113.3513\lg T}{(t+49.1565)^{1.1649}}$	249	1962～2006	45	年最大值	耿贝尔
57		温岭	$i=\dfrac{148.9057+128.0211\lg T}{(t+55.1873)^{1.1186}}$	249	1957～1959 1962 1964～2006	46	年最大值	耿贝尔
58		仙居	$i=\dfrac{13.9758+9.4873\lg T}{(t+16.1421)^{0.7146}}$	216	1957～2006	50	年最大值	耿贝尔

续表

序号	所在地区	城市名称	暴雨强度公式	$T_M=2a$ q_{20}	起止年份	资料年份	选样方法	理论分布
59	浙江省	天台	$i=\frac{12.0318+8.7421\lg T}{(t+11.7814)^{0.7116}}$	209	1957、1960 1962～2006	47	年最大值	耿贝尔
60		黄岩	$i=\frac{9.153+5.7774\lg T}{(t+11.2082)^{0.5708}}$	255	1956～2006	51	年最大值	耿贝尔
61		三门	$i=\frac{10.364+7.0514\lg T}{(t+10.569)^{0.6381}}$	235	1963～2006	44	年最大值	耿贝尔
62		玉环	$i=\frac{5.543+4.7778\lg T}{(t+5.1156)^{0.5091}}$	226	1963～2006	39	年最大值	耿贝尔
63		大陈	$i=\frac{4.2446+3.2783\lg T}{(t+4.4794)^{0.5383}}$	156	1982～2000	19	年最大值	耿贝尔
64		丽水	$i=\frac{7.5897+4.4591\lg T}{(t+5.9194)^{0.6107}}$	204	1957～1993	37	年最大值	耿贝尔
65		龙泉	$i=\frac{94.0180+59.76\lg T}{(t+32.885)^{1.139}}$	204	1971～2006	35	年最大值	耿贝尔
66		青田	$i=\frac{10.8999+7.2209\lg T}{(t+8.9829)^{0.6758}}$	224	1957～2006	50	年最大值	耿贝尔
67		庆元	$i=\frac{6.4853+3.0964\lg T}{(t+5.7282)^{0.5793}}$	189	1964～1967 1971～2006	39	年最大值	耿贝尔
68		缙云	$i=\frac{6.9442+4.7459\lg T}{(t+4.4002)^{0.6055}}$	202	1957～1957 1962～2006	46	年最大值	耿贝尔
69		遂昌	$i=\frac{10.001+6.001\lg T}{(t+8.592)^{0.69}}$	195	1964～2006	40	年最大值	耿贝尔
70		松阳	$i=\frac{54.896+35.721\lg T}{(t+28.934)^{1.023}}$	205	1969～2006	38	年最大值	耿贝尔
71		云和	$i=\frac{8.7625+7.138\lg T}{(t+8.5514)^{0.657}}$	201	1957～1961 1963～2006	49	年最大值	耿贝尔
72		景宁	$i=\frac{12.7788+10.4321\lg T}{(t+14.4445)^{0.7194}}$	208	1957 1964～2006	44	年最大值	耿贝尔

安徽省城市暴雨强度公式编制站点分布图

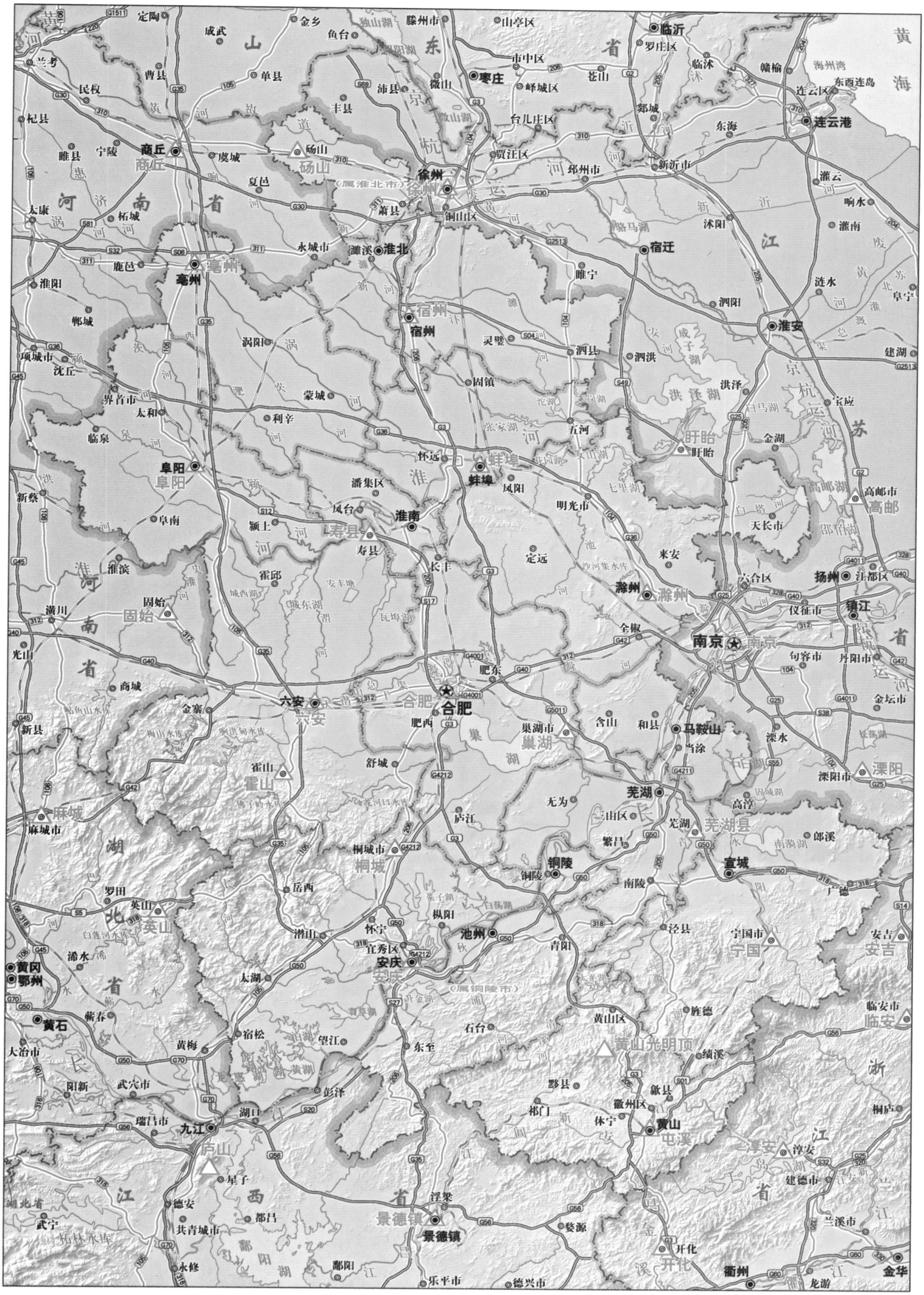

比例尺 1：274 万

0 27.4 54.8 82.2km

安徽省城市暴雨强度公式成果表

序号	所在地区	城市名称	暴雨强度公式	$T_M=2a$ q_{20}	起止年份	资料年份	选样方法	理论分布
1	安徽省	砀山	$i=\dfrac{2599.88+1924.9032\lg T}{(t+83.3746)^{1.6645}}$	235	1961～2000	40	年最大值	耿贝尔
2		亳州	$i=\dfrac{25.8238+19.4173\lg T}{(t+23.3909)^{0.8452}}$	218	1961～2000	40	年最大值	耿贝尔
3		宿州	$i=\dfrac{206.715+156.4272\lg T}{(t+51.472)^{1.2234}}$	228	1961～2000	40	年最大值	耿贝尔
4		阜阳	$i=\dfrac{8.751+5.3436\lg T}{(t+11.1895)^{0.6263}}$	200	1961～2000	40	年最大值	耿贝尔
5		寿县	$i=\dfrac{11.3786+9.7861\lg T}{(t+14.8561)^{0.7047}}$	196	1961～1985 1987～2000	39	年最大值	耿贝尔
6		蚌埠	$i=\dfrac{12.6368+11.3567\lg T}{(t+15.1307)^{0.7227}}$	204	1961～2000	40	年最大值	耿贝尔
7		滁州	$i=\dfrac{9.8109+8.2046\lg T}{(t+14.5255)^{0.6433}}$	210	1961～2000	40	年最大值	耿贝尔
8		六安	$i=\dfrac{34.0567+28.6084\lg T}{(t+23.991)^{0.9736}}$	179	1961～2000	40	年最大值	耿贝尔
9		霍山	$i=\dfrac{57.9616+36.5284\lg T}{(t+27.783)^{1.0398}}$	206	1961～2000	40	年最大值	耿贝尔
10		桐城	$i=\dfrac{21.762+17.8075\lg T}{(t+25.3623)^{0.7903}}$	222	1961～2000	40	年最大值	耿贝尔
11		合肥	$i=\dfrac{2730.5052+2262.4228\lg T}{(t+69.8225)^{1.7503}}$	217	1961～2000	40	年最大值	耿贝尔
12		巢湖	$i=\dfrac{56.9021+43.125\lg T}{(t+35.2806)^{1.0058}}$	206	1961～2000	40	年最大值	耿贝尔
13		芜湖县	$i=\dfrac{27.9726+22.6061\lg T}{(t+19.6783)^{0.9027}}$	209	1974～2000	27	年最大值	耿贝尔

续表

序号	所在地区	城市名称	暴雨强度公式	$T_M=2a$ q_{20}	起止年份	资料年份	选样方法	理论分布
14	安徽省	安庆	$i=\dfrac{9.5492+6.7817\lg T}{(t+14.5632)^{0.6051}}$	226	1961～2000	40	年最大值	耿贝尔
15		宁国	$i=\dfrac{27.2957+16.7544\lg T}{(t+19.7127)^{0.8888}}$	204	1961～2000	40	年最大值	耿贝尔
16		黄山光明顶	$i=\dfrac{8.5079+4.4804\lg T}{(t+10.2709)^{0.5874}}$	222	1961～2000	40	年最大值	耿贝尔
17		屯溪	$i=\dfrac{40.4666+23.9289\lg T}{(t+23.8492)^{0.9743}}$	200	1961～2000	40	年最大值	耿贝尔

福建省城市暴雨强度公式编制站点分布图

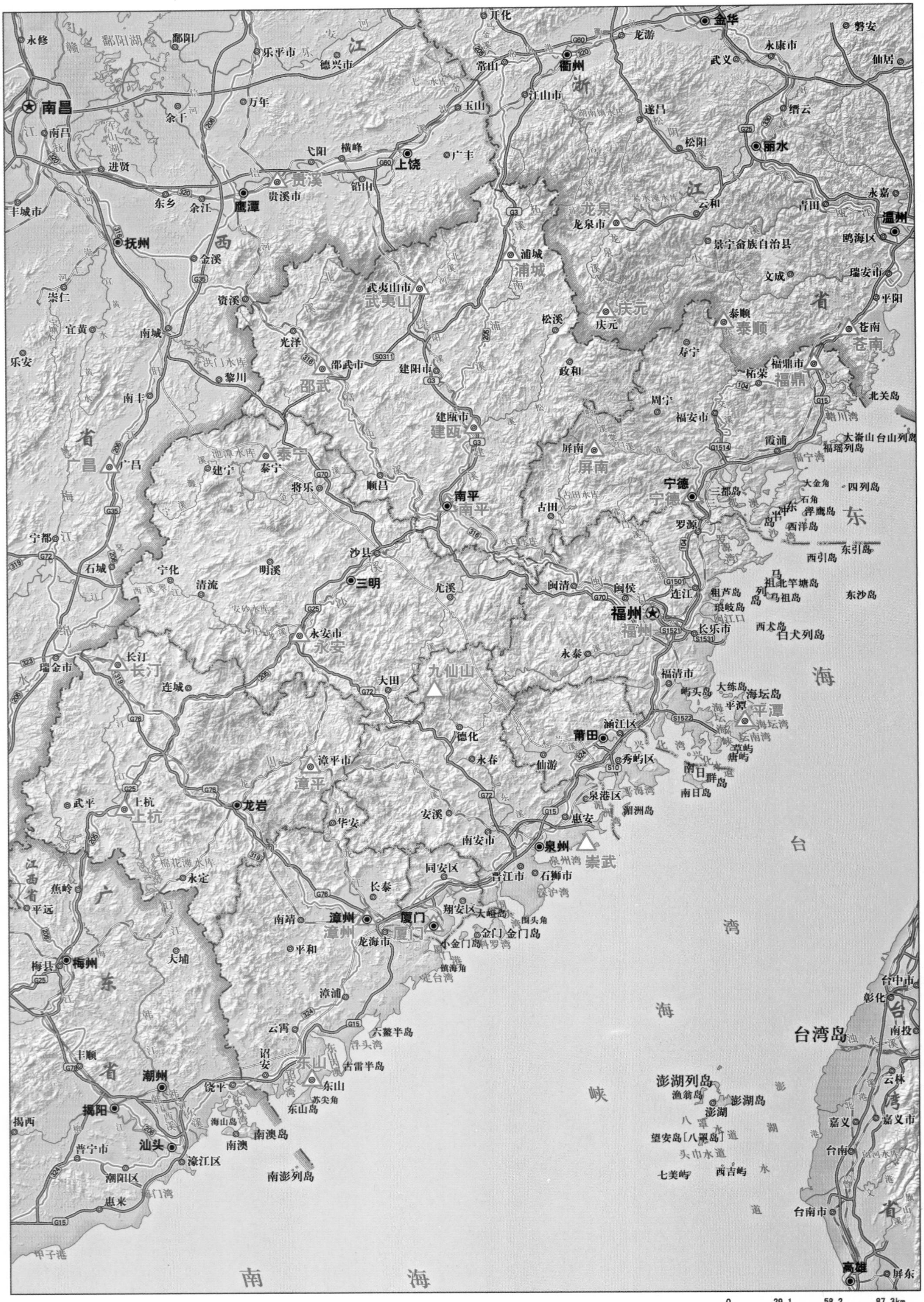

比例尺 1∶291万

0 29.1 58.2 87.3km

福建省城市暴雨强度公式成果表

序号	所在地区	城市名称	暴雨强度公式	$T_M=2a$ q_{20}	起止年份	资料年份	选样方法	理论分布
1	福建省	邵武	$i=\frac{11.8462+8.0735\lg T}{(t+10.2632)^{0.7174}}$	206	1961～2000	40	年最大值	耿贝尔
2		武夷山	$i=\frac{6.403+3.2588\lg T}{(t+3.5533)^{0.578}}$	198	1980～2000	21	年最大值	耿贝尔
3		浦城	$i=\frac{54.8751+28.5793\lg T}{(t+27.9086)^{1.0143}}$	209	1961～2000	40	年最大值	耿贝尔
4		建瓯	$i=\frac{44.6921+29.7235\lg T}{(t+21.5989)^{1.0038}}$	212	1964～2000	37	年最大值	耿贝尔
5		福鼎	$i=\frac{24.2583+17.8804\lg T}{(t+19.8627)^{0.8307}}$	231	1963～2000	38	年最大值	耿贝尔
6		泰宁	$i=\frac{10.3634+6.6941\lg T}{(t+9.7485)^{0.6925}}$	197	1961～2000	40	年最大值	耿贝尔
7		南平	$i=\frac{95.4001+52.0125\lg T}{(t+32.8494)^{1.1143}}$	223	1963～2000	38	年最大值	耿贝尔
8		宁德	$i=\frac{8.0902+5.3449\lg T}{(t+11.4871)^{0.565}}$	230	1972～2000	29	年最大值	耿贝尔
9		福州	$i=\frac{18.0296+12.3697\lg T}{(t+15.1966)^{0.7871}}$	220	1961～2000	40	年最大值	耿贝尔
10		长汀	$i=\frac{8.4457+4.72\lg T}{(t+7.8126)^{0.6193}}$	210	1961～2000	40	年最大值	耿贝尔
11		上杭	$i=\frac{17.239+7.8923\lg T}{(t+17.2257)^{0.7437}}$	222	1963～2000	38	年最大值	耿贝尔
12		永安	$i=\frac{11.8051+6.8847\lg T}{(t+11.6792)^{0.7073}}$	201	1961 1963～2000	39	年最大值	耿贝尔
13		漳平	$i=\frac{17.9318+10.8328\lg T}{(t+14.5439)^{0.8092}}$	201	1963～2000	38	年最大值	耿贝尔

续表

序号	所在地区	城市名称	暴雨强度公式	$T_M=2a$ q_{20}	起止年份	资料年份	选样方法	理论分布
14	福建省	九仙山	$i=\frac{19.5096+13.5565\lg T}{(t+18.2804)^{0.7933}}$	218	1963～1967 1974～2000	32	年最大值	耿贝尔
15		屏南	$i=\frac{15.0535+9.9671\lg T}{(t+11.3043)^{0.7929}}$	196	1961～2000	40	年最大值	耿贝尔
16		平潭	$i=\frac{6.4449+4.9642\lg T}{(t+10.1217)^{0.5689}}$	191	1961～2000	40	年最大值	耿贝尔
17		漳州	$i=\frac{62.8055+41.0862\lg T}{(t+33.9128)^{0.9756}}$	256	1961～2000	40	年最大值	耿贝尔
18		崇武	$i=\frac{5.1714+4.8278\lg T}{(t+7.6246)^{0.5366}}$	186	1961～2000	40	年最大值	耿贝尔
19		厦门	$i=\frac{4.9301+3.1945\lg T}{(t+3.9937)^{0.5124}}$	193	1963～2000	38	年最大值	耿贝尔
20		东山	$i=\frac{4.0955+3.6146\lg T}{(t+4.9887)^{0.4539}}$	200	1961～2000	40	年最大值	耿贝尔

江西省城市暴雨强度公式编制站点分布图

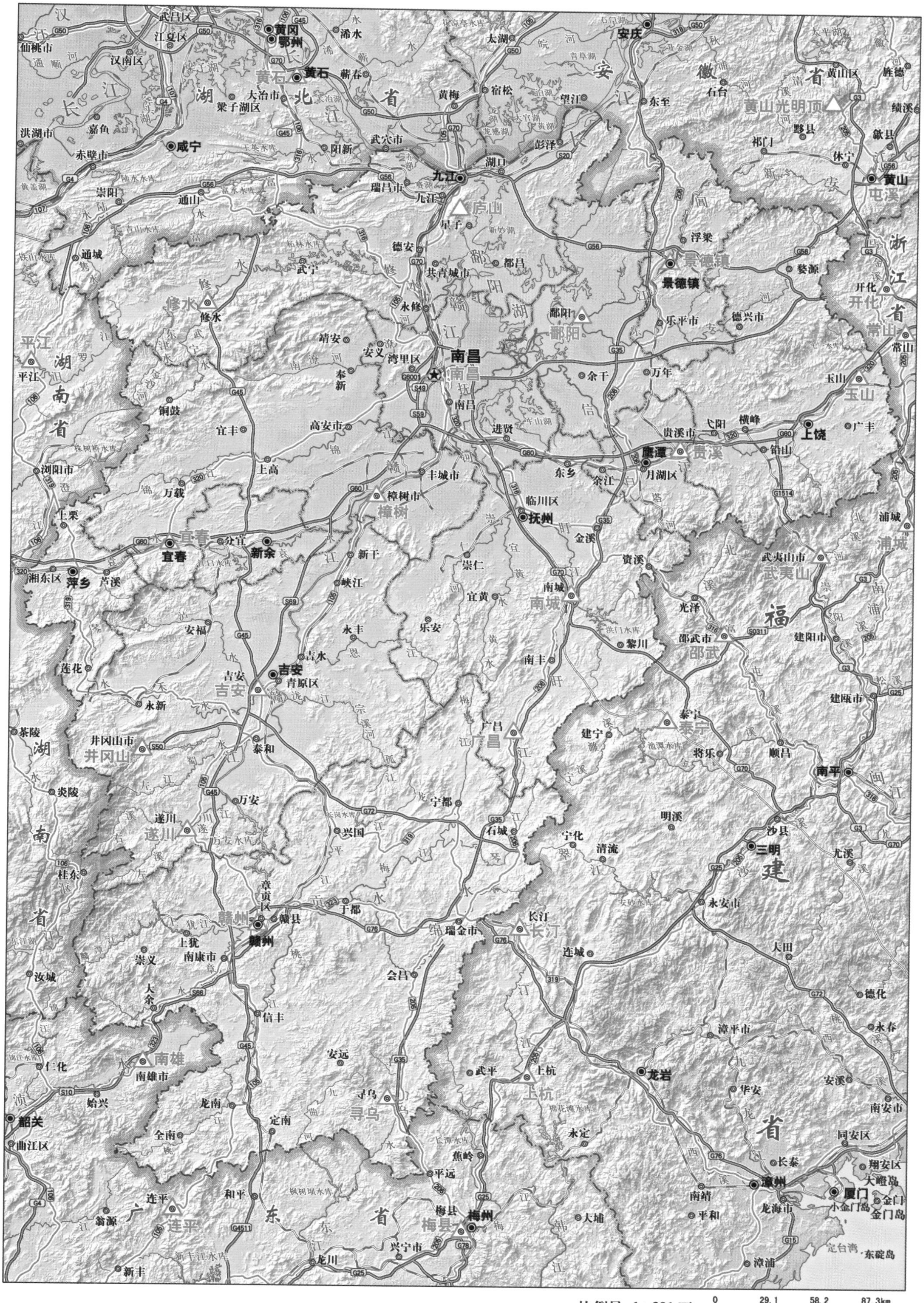

比例尺 1∶291万

0 29.1 58.2 87.3km

江西省城市暴雨强度公式成果表

序号	所在地区	城市名称	暴雨强度公式	$T_M=2a$ q_{20}	起止年份	资料年份	选样方法	理论分布
1	江西省	修水	$i=\dfrac{40.0833+26.3223\lg T}{(t+29.878)^{0.933}}$	209	1961～2000	40	年最大值	耿贝尔
2		宜春	$i=\dfrac{20.4935+13.7836\lg T}{(t+20.1079)^{0.8197}}$	199	1961～2000	40	年最大值	耿贝尔
3		吉安	$i=\dfrac{42.9677+22.8076\lg T}{(t+28.9332)^{0.9259}}$	227	1961～2000	40	年最大值	耿贝尔
4		井冈山	$i=\dfrac{75.0316+34.5565\lg T}{(t+35.9145)^{1.041}}$	216	1965～2000	36	年最大值	耿贝尔
5		遂川	$i=\dfrac{6.8212+3.8593\lg T}{(t+7.7062)^{0.5527}}$	212	1961～2000	40	年最大值	耿贝尔
6		赣州	$i=\dfrac{38.8921+22.0932\lg T}{(t+27.21)^{0.9205}}$	218	1961～2000	40	年最大值	耿贝尔
7		庐山	$i=\dfrac{4.8169+3.4295\lg T}{(t+4.3862)^{0.4537}}$	229	1963～2000	40	年最大值	耿贝尔
8		鄱阳	$i=\dfrac{24.4701+15.0277\lg T}{(t+24.1)^{0.8018}}$	232	1972～2000	40	年最大值	耿贝尔
9		景德镇	$i=\dfrac{87.2261+45.3498\lg T}{(t+34.9007)^{1.0976}}$	207	1961～2000	40	年最大值	耿贝尔
10		南昌	$i=\dfrac{13.9535+8.8092\lg T}{(t+14.8766)^{0.7131}}$	220	1961～2000	40	年最大值	耿贝尔
11		樟树	$i=\dfrac{13.0375+9.2612\lg T}{(t+10.3837)^{0.7248}}$	222	1961～2000	40	年最大值	耿贝尔
12		贵溪	$i=\dfrac{38.4256+20.1467\lg T}{(t+29.3266)^{0.897}}$	225	1961～2000	40	年最大值	耿贝尔
13		玉山	$i=\dfrac{22.7191+15.9414\lg T}{(t+20.9426)^{0.8375}}$	205	1961～2000	40	年最大值	耿贝尔

续表

序号	所在地区	城市名称	暴雨强度公式	$T_M = 2a$ q_{20}	起止年份	资料年份	选样方法	理论分布
14	江西省	南城	$i = \frac{6.4789 + 2.8784 \lg T}{(t + 7.4669)^{0.54}}$	205	1965～2000	36	年最大值	耿贝尔
15		广昌	$i = \frac{8.1899 + 3.5847 \lg T}{(t + 8.3603)^{0.5969}}$	210	1961～2000	40	年最大值	耿贝尔
16		寻乌	$i = \frac{12.7775 + 5.9245 \lg T}{(t + 15.3514)^{0.6784}}$	216	1961～2000	40	年最大值	耿贝尔

山东省城市暴雨强度公式编制站点分布图

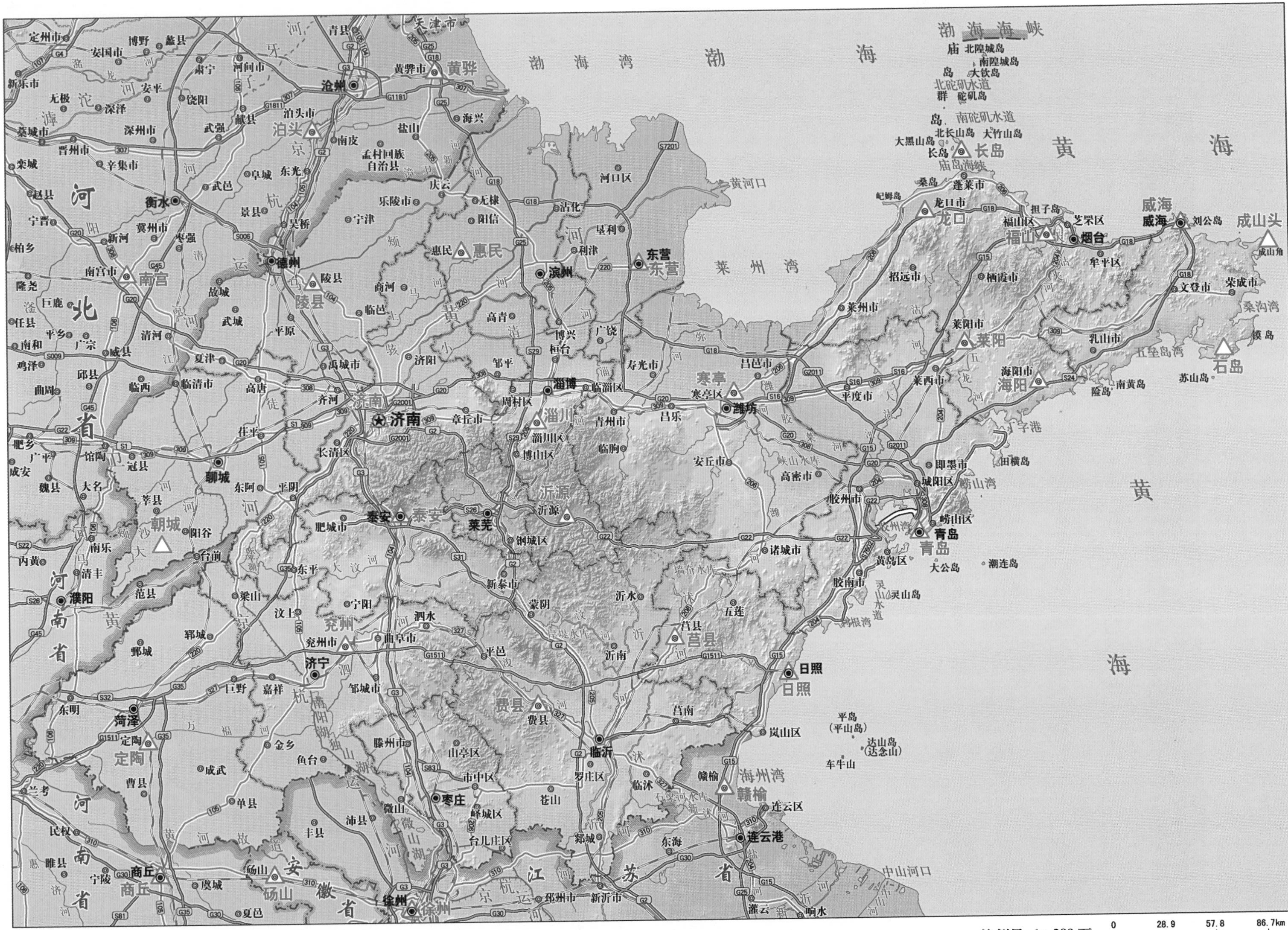

山东省城市暴雨强度公式成果表

序号	所在地区	城市名称	暴雨强度公式	$T_M=2a$ q_{20}	起止年份	资料年份	选择方法	理论分布
1	山东省	陵县	$i=\dfrac{22.6182+21.2804\lg T}{(t+22.6955)^{0.8261}}$	218	1970～2000	31	年最大值	耿贝尔
2		惠民	$i=\dfrac{28.2606+21.7182\lg T}{(t+22.4984)^{0.8956}}$	202	1961～2000	40	年最大值	耿贝尔
3		东营	$i=\dfrac{14.3847+11.9296\lg T}{(t+13.9377)^{0.7656}}$	202	1961～2000	40	年最大值	耿贝尔
4		长岛	$i=\dfrac{40.0262+48.9155\lg T}{(t+32.511)^{1.0218}}$	159	1963～2000	38	年最大值	耿贝尔
5		龙口	$i=\dfrac{12.7742+6.8033\lg T}{(t+18.4701)^{0.7113}}$	184	1961～2000	40	年最大值	耿贝尔
6		福山	$i=\dfrac{104.9405+91.4377\lg T}{(t+41.5732)^{1.1829}}$	169	1980～1989 1992～2000	19	年最大值	耿贝尔
7		威海	$i=\dfrac{4.516+4.8149\lg T}{(t+11.5599)^{0.4988}}$	178	1972～2000	29	年最大值	耿贝尔
8		成山头	$i=\dfrac{4.6694+4.5827\lg T}{(t+6.2117)^{0.5524}}$	166	1963～2000	38	年最大值	耿贝尔
9		朝城	$i=\dfrac{11.9166+7.1254\lg T}{(t+13.4816)^{0.7263}}$	183	1966～2000	35	年最大值	耿贝尔
10		济南	$i=\dfrac{19.559+13.6866\lg T}{(t+23.6122)^{0.7575}}$	226	1961～2000	40	年最大值	耿贝尔
11		淄川	$i=\dfrac{99.6847+74.9622\lg T}{(t+35.6952)^{1.1556}}$	196	1978～2000	23	年最大值	耿贝尔
12		泰安	$i=\dfrac{52.7167+39.6113\lg T}{(t+39.9025)^{0.9268}}$	243	1961 1963～1981 1985～2000	36	年最大值	耿贝尔
13		沂源	$i=\dfrac{14.004+13.9272\lg T}{(t+17.9053)^{0.7747}}$	181	1961～2000	40	年最大值	耿贝尔

续表

序号	所在地区	城市名称	暴雨强度公式	$T_M=2a$ q_{20}	起止年份	资料年份	选样方法	理论分布
14	山东省	寒亭	$i=\dfrac{108.4733+87.1138\lg T}{(t+42.2291)^{1.1246}}$	216	1961～2000	40	年最大值	耿贝尔
15		莱阳	$i=\dfrac{34.8134+21.4039\lg T}{(t+31.3189)^{0.8664}}$	227	1961～2000	40	年最大值	耿贝尔
16		青岛	$i=\dfrac{5.2356+3.9566\lg T}{(t+8.1606)^{0.5402}}$	177	1966～2000	35	年最大值	耿贝尔
17		海阳	$i=\dfrac{20.703+15.5176\lg T}{(t+24.2151)^{0.8011}}$	203	1961～2000	40	年最大值	耿贝尔
18		石岛	$i=\dfrac{13.4119+10.4291\lg T}{(t+18.916)^{0.7004}}$	212	1961～2000	40	年最大值	耿贝尔
19		定陶	$i=\dfrac{78.8577+91.2689\lg T}{(t+57.464)^{1.0184}}$	211	1967～2000	34	年最大值	耿贝尔
20		兖州	$i=\dfrac{111.2822+74.3301\lg T}{(t+45.1474)^{1.0951}}$	230	1961～2000	40	年最大值	耿贝尔
21		费县	$i=\dfrac{385.5087+382.0952\lg T}{(t+63.4632)^{1.3266}}$	236	1966～2000	35	年最大值	耿贝尔
22		莒县	$i=\dfrac{10.5702+8.0697\lg T}{(t+16.853)^{0.6341}}$	220	1961～2000	40	年最大值	耿贝尔
23		日照	$i=\dfrac{5.7872+3.9145\lg T}{(t+6.1166)^{0.5259}}$	209	1961～2000	40	年最大值	耿贝尔

河南省城市暴雨强度公式编制站点分布图

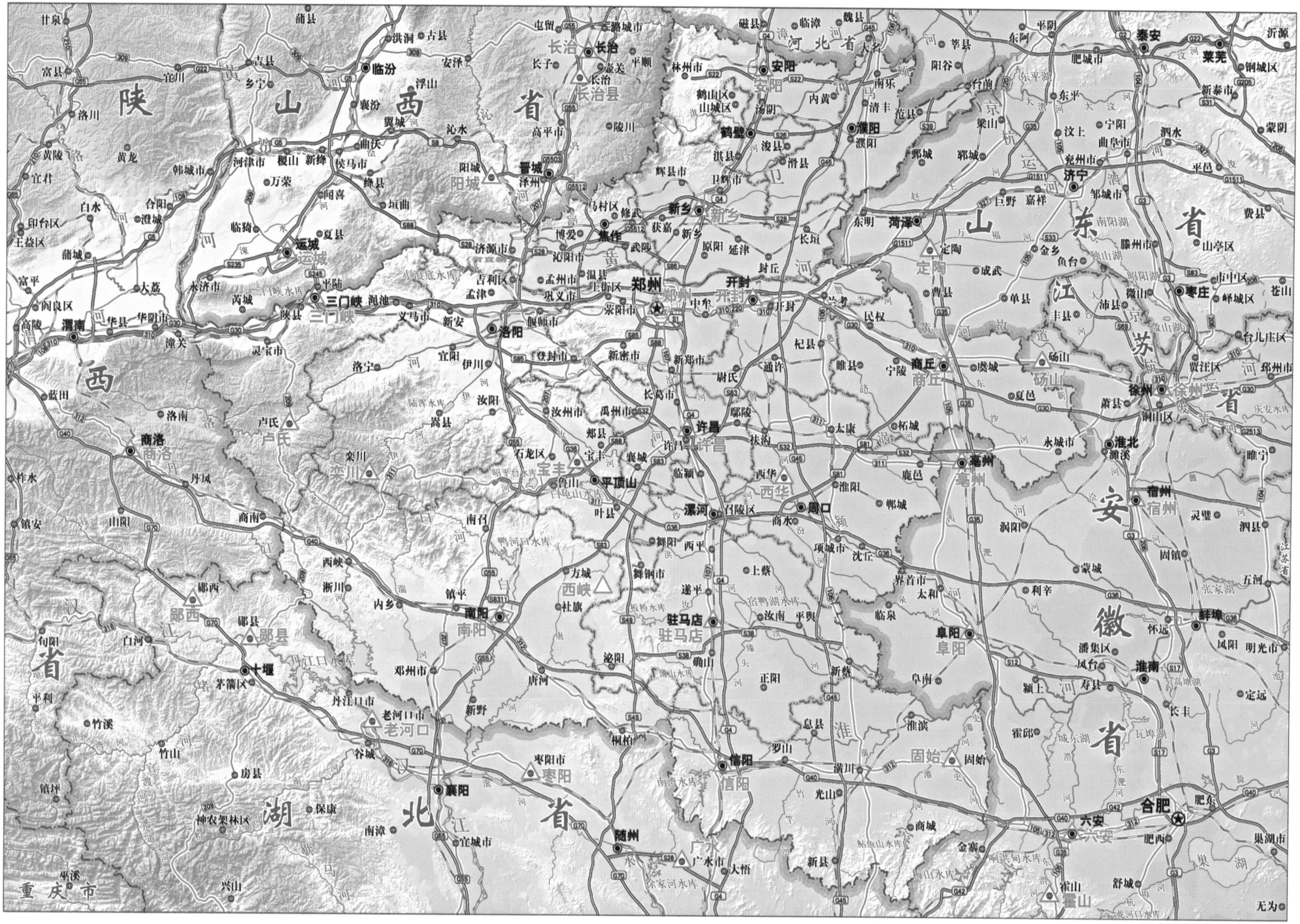

比例尺 1∶333万 0 33.3 66.6 99.9km

河南省城市暴雨强度公式成果表

序号	所在地区	城市名称	暴雨强度公式	$T_M=2a$ q_{20}	起止年份	资料年份	选样方法	理论分布
1	河南省	安阳	$i=\dfrac{8.3212+7.3694\lg T}{(t+16.7023)^{0.6048}}$	199	1970～2000	40	年最大值	耿贝尔
2		新乡	$i=\dfrac{117.7783+118.28\lg T}{(t+54.1725)^{1.1314}}$	196	1961～2000	40	年最大值	耿贝尔
3		三门峡	$i=\dfrac{7.3764+8.2798\lg T}{(t+16.2367)^{0.6822}}$	142	1961 1963～2000	39	年最大值	耿贝尔
4		卢氏	$i=\dfrac{30.3444+24.5113\lg T}{(t+22.361)^{1.0057}}$	145	1963～2000	40	年最大值	耿贝尔
5		栾川	$i=\dfrac{3.543+3.2103\lg T}{(t+5.3077)^{0.5645}}$	121	1964～1967 1971～2000	34	年最大值	耿贝尔
6		郑州	$i=\dfrac{262.0278+261.5298\lg T}{(t+56.9709)^{1.3109}}$	191	1980～2000	40	年最大值	耿贝尔
7		许昌	$i=\dfrac{78.0713+58.7641\lg T}{(t+37.7537)^{1.0938}}$	189	1972～2000	40	年最大值	耿贝尔
8		开封	$i=\dfrac{4.5352+5.1155\lg T}{(t+3.43)^{0.5185}}$	197	1963～2000	38	年最大值	耿贝尔
9		西峡	$i=\dfrac{17.0137+11.4274\lg T}{(t+25.6617)^{0.7131}}$	224	1966～2000	40	年最大值	耿贝尔
10		南阳	$i=\dfrac{14.2414+10.4118\lg T}{(t+30.1373)^{0.7039}}$	184	1961～1984 1986～2000	39	年最大值	耿贝尔
11		宝丰	$i=\dfrac{20.19+18.6654\lg T}{(t+26.5068)^{0.8319}}$	176	1978～2000	40	年最大值	耿贝尔
12		西华	$i=\dfrac{10.6061+9.0912\lg T}{(t+23.3784)^{0.6396}}$	199	1961～2000	40	年最大值	耿贝尔
13		驻马店	$i=\dfrac{9.0838+7.5879\lg T}{(t+16.3998)^{0.6409}}$	189	1961～2000	40	年最大值	耿贝尔

续表

序号	所在地区	城市名称	暴雨强度公式	$T_M=2a$ q_{20}	起止年份	资料年份	选样方法	理论分布
14	河南省	信阳	$i=\dfrac{3.5841+3.0882\lg T}{(t+5.4995)^{0.452}}$	174	1961～2000	40	年最大值	耿贝尔
15		商丘	$i=\dfrac{52.516+55.3499\lg T}{(t+35.2689)^{1.0}}$	209	1961～2000	40	年最大值	耿贝尔
16		固始	$i=\dfrac{128.2351+128.8012\lg T}{(t+51.9671)^{1.1589}}$	196	1961～2000	40	年最大值	耿贝尔

湖北省城市暴雨强度公式编制站点分布图

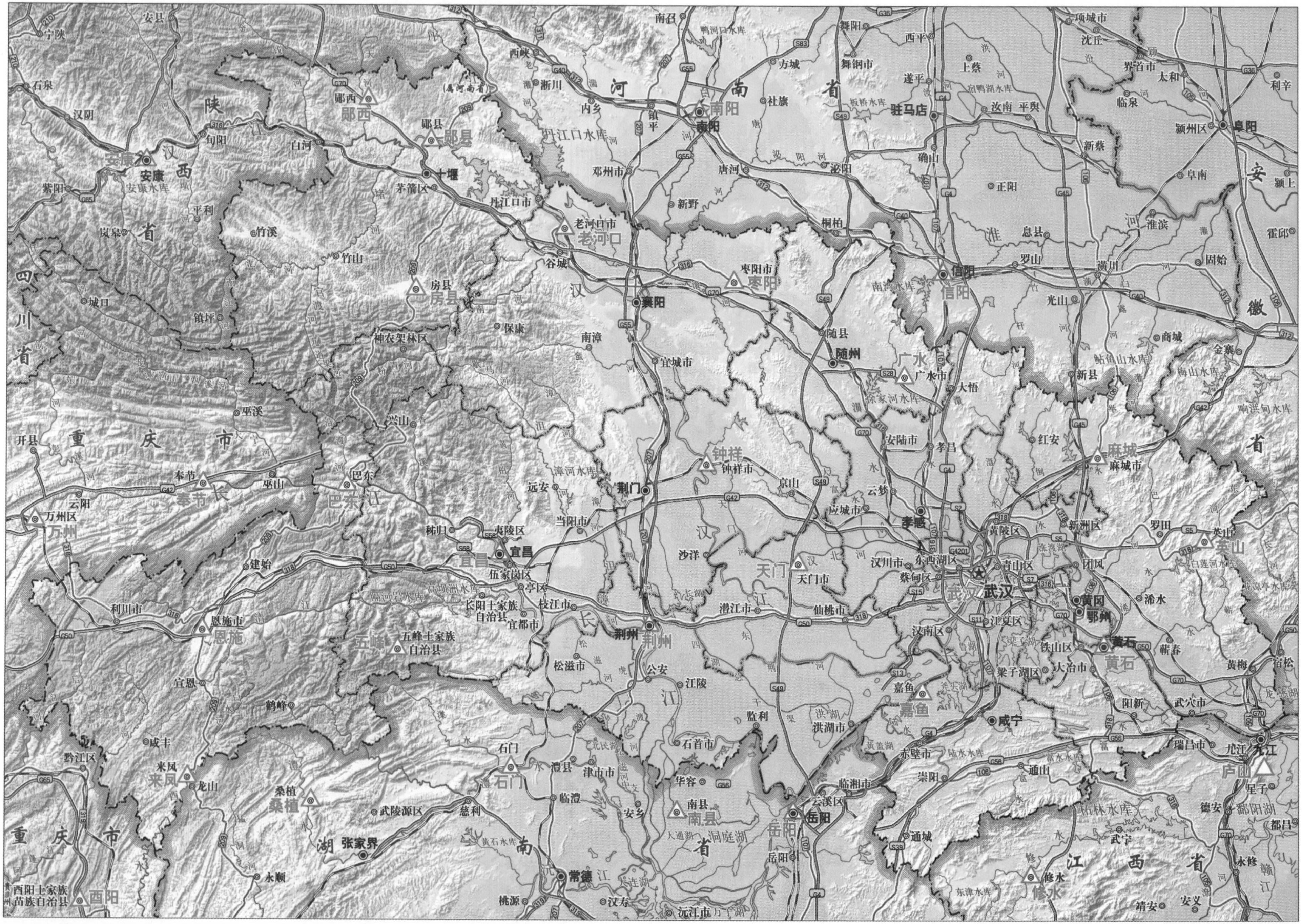

比例尺 1∶306万　0　30.6　61.2　91.8km

湖北省城市暴雨强度公式成果表

序号	所在地区	城市名称	暴雨强度公式	$T_M=2a$ q_{20}	起止年份	资料年份	选样方法	理论分布
1	湖北省	武汉	$i=\frac{12.0125+11.0708\lg T}{(t+17.2251)^{0.7041}}$	200	1961～2000	40	年最大值	耿贝尔
2		房县	$i=\frac{102.9688+75.5995\lg T}{(t+41.1137)^{1.1316}}$	200	1961～2000	40	年最大值	耿贝尔
3		郧县	$i=\frac{51.1959+42.5343\lg T}{(t+31.521)^{1.0273}}$	186	1961～2000	40	年最大值	耿贝尔
4		郧西	$i=\frac{19.1969+18.9664\lg T}{(t+26.1005)^{0.8105}}$	186	1982～2000	19	年最大值	耿贝尔
5		枣阳	$i=\frac{58.4015+48.819\lg T}{(t+40.4168)^{0.9978}}$	203	1961～2000	40	年最大值	耿贝尔
6		恩施	$i=\frac{5.3541+3.6816\lg T}{(t+10.3267)^{0.5053}}$	192	1961～2000	40	年最大值	耿贝尔
7		老河口	$i=\frac{39.5145+39.7106\lg T}{(t+30.8105)^{0.9897}}$	176	1961～2000	40	年最大值	耿贝尔
8		五峰	$i=\frac{14.2575+9.4193\lg T}{(t+15.4328)^{0.7859}}$	173	1961～2000	40	年最大值	耿贝尔
9		来凤	$i=\frac{111.1245+72.5869\lg T}{(t+40.1656)^{1.1518}}$	198	1961～2000	40	年最大值	耿贝尔
10		宜昌	$i=\frac{47.2585+24.3833\lg T}{(t+31.8931)^{0.9507}}$	213	1961～2000	40	年最大值	耿贝尔
11		荆州	$i=\frac{33.9541+35.5941\lg T}{(t+21.9786)^{0.9721}}$	197	1961～2000	40	年最大值	耿贝尔
12		天门	$i=\frac{255.4423+287.1029\lg T}{(t+52.6553)^{1.3046}}$	213	1961～1964 1966～1968 1970～2000	38	年最大值	耿贝尔
13		钟祥	$i=\frac{13.1003+11.3325\lg T}{(t+17.74)^{0.7155}}$	205	1961～2000	40	年最大值	耿贝尔

续表

序号	所在地区	城市名称	暴雨强度公式	$T_M=2a$ q_{20}	起止年份	资料年份	选样方法	理论分布
14	湖北省	广水	$i=\frac{15.137+13.5298\lg T}{(t+15.9162)^{0.7552}}$	214	1962～1968 1970～2000	38	年最大值	耿贝尔
15		巴东	$i=\frac{65.3132+53.0158\lg T}{(t+36.6538)^{1.0667}}$	183	1961～2000	40	年最大值	耿贝尔
16		英山	$i=\frac{27.3551+14.9676\lg T}{(t+25.0921)^{0.8252}}$	229	1961～2000	40	年最大值	耿贝尔
17		黄石	$i=\frac{20.1826+16.8116\lg T}{(t+17.8556)^{0.7997}}$	230	1961～2000	40	年最大值	耿贝尔
18		麻城	$i=\frac{10.0628+6.1022\lg T}{(t+12.2128)^{0.6607}}$	200	1961～1968 1971～2000	38	年最大值	耿贝尔
19		嘉鱼	$i=\frac{94.0786+64.8948\lg T}{(t+40.5112)^{1.0856}}$	220	1961～2000	40	年最大值	耿贝尔

湖南省城市暴雨强度公式编制站点分布图

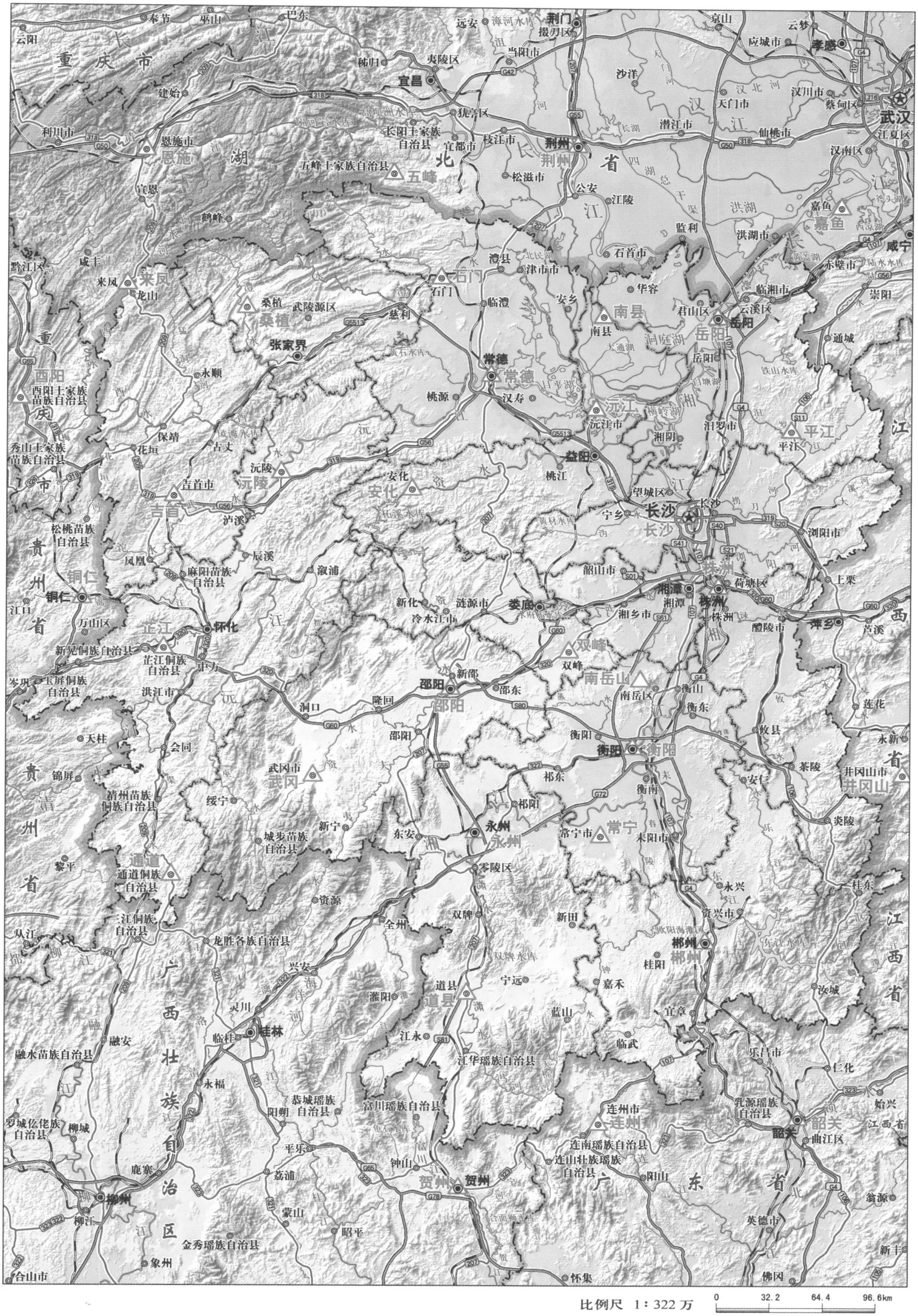

比例尺 1：322万

湖南省城市暴雨强度公式成果表

序号	所在地区	城市名称	暴雨强度公式	$T_M=2a$ q_{20}	起止年份	资料年份	选样方法	理论分布
1	湖南省	石门	$i=\frac{23.0561+19.9149\lg T}{(t+23.4827)^{0.8326}}$	209	1961～2000	40	年最大值	耿贝尔
2		南县	$i=\frac{7.9725+5.842\lg T}{(t+10.5359)^{0.6094}}$	202	1961～2000	40	年最大值	耿贝尔
3		吉首	$i=\frac{5.7623+2.4571\lg T}{(t+5.8776)^{0.5117}}$	205	1961～2000	40	年最大值	耿贝尔
4		株洲	$i=\frac{13.9376+8.529\lg T}{(t+15.1633)^{0.7166}}$	215	1963～2000	38	年最大值	耿贝尔
5		常宁	$i=\frac{19.1763+13.0106\lg T}{(t+18.5226)^{0.8043}}$	204	1966～2000	35	年最大值	耿贝尔
6		武冈	$i=\frac{8.1364+5.1192\lg T}{(t+7.1718)^{0.6405}}$	195	1961～2000	40	年最大值	耿贝尔
7		双峰	$i=\frac{11.2144+6.5985\lg T}{(t+15.2367)^{0.6661}}$	205	1961～2000	40	年最大值	耿贝尔
8		长沙	$i=\frac{472.029+421.3056\lg T}{(t+68.7627)^{1.3699}}$	214	1975～2000	26	年最大值	耿贝尔
9		桑植	$i=\frac{10.6837+6.8816\lg T}{(t+13.1968)^{0.6822}}$	195	1961～2000	40	年最大值	耿贝尔
10		常德	$i=\frac{21.1618+22.2017\lg T}{(t+24.6215)^{0.8354}}$	194	1961～2000	40	年最大值	耿贝尔
11		安化	$i=\frac{4.0394+3.221\lg T}{(t+2.8395)^{0.492}}$	179	1961 1963～2000	39	年最大值	耿贝尔
12		沅江	$i=\frac{14.7509+13.3897\lg T}{(t+16.7562)^{0.7679}}$	197	1961～2000	40	年最大值	耿贝尔
13		岳阳	$i=\frac{9.0205+5.9989\lg T}{(t+10.8784)^{0.6462}}$	197	1961～2000	40	年最大值	耿贝尔

续表

序号	所在地区	城市名称	暴雨强度公式	$T_M=2a$ q_{20}	起止年份	资料年份	选样方法	理论分布
14	湖南省	平江	$i=\frac{107.0302+63.2988\lg T}{(t+38.4698)^{1.1098}}$	230	1961～2000	40	年最大值	耿贝尔
15		芷江	$i=\frac{7.1694+4.2397\lg T}{(t+9.1289)^{0.5679}}$	207	1961～2000	40	年最大值	耿贝尔
16		衡阳	$i=\frac{18.1832+12.157\lg T}{(t+17.7124)^{0.7844}}$	211	1961～2000	40	年最大值	耿贝尔
17		南岳山	$i=\frac{26.9607+17.4039\lg T}{(t+21.5052)^{0.8445}}$	231	1961～2000	40	年最大值	耿贝尔
18		沅陵	$i=\frac{9.3428+5.6092\lg T}{(t+13.4394)^{0.6490}}$	189	1961～2000	40	年最大值	耿贝尔
19		通道	$i=\frac{21.2247+14.1113\lg T}{(t+21.0862)^{0.8094}}$	210	1961～2000	40	年最大值	耿贝尔
20		郴州	$i=\frac{88.8945+51.5996\lg T}{(t+36.9337)^{1.0895}}$	213	1961～2000	40	年最大值	耿贝尔
21		永州	$i=\frac{31.5045+25.5592\lg T}{(t+27.9199)^{0.8985}}$	202	1961～2000	40	年最大值	耿贝尔
22		道县	$i=\frac{6.4342+3.7284\lg T}{(t+6.6246)^{0.5405}}$	214	1961～2000	40	年最大值	耿贝尔
23		邵阳	$i=\frac{187.7709+125.1255\lg T}{(t+38.6282)^{1.2563}}$	226	1961～2000	40	年最大值	耿贝尔

广东省城市暴雨强度公式编制站点分布图

比例尺 1∶361万

0 36.1 72.2 108.3 km

广东省城市暴雨强度公式成果表

序号	所在地区	城市名称	暴雨强度公式	$T_M=2a$ q_{20}	起止年份	资料年份	选样方法	理论分布
1	广东省	南雄	$i=\dfrac{24.9757+12.8735\lg T}{(t+18.1054)^{0.8487}}$	219	1961～2000	40	年最大值	耿贝尔
2		连州	$i=\dfrac{124.4262+77.0401\lg T}{(t+40.7015)^{1.1513}}$	218	1961～2000	40	年最大值	耿贝尔
3		韶关	$i=\dfrac{21.9203+11.4839\lg T}{(t+23.6355)^{0.7793}}$	223	1961～2000	40	年最大值	耿贝尔
4		佛冈	$i=\dfrac{8.7203+4.899\lg T}{(t+12.5785)^{0.5322}}$	266	1961～2000	40	年最大值	耿贝尔
5		连平	$i=\dfrac{17.5758+9.6972\lg T}{(t+16.2383)^{0.7578}}$	225	1961～2000	40	年最大值	耿贝尔
6		梅县	$i=\dfrac{13.7471+7.939\lg T}{(t+14.6678)^{0.6836}}$	238	1961～2000	40	年最大值	耿贝尔
7		广宁	$i=\dfrac{34.2708+16.6116\lg T}{(t+25.8769)^{0.8465}}$	257	1961～2000	40	年最大值	耿贝尔
8		高要	$i=\dfrac{15.8115+8.9542\lg T}{(t+13.855)^{0.7016}}$	261	1961～2000	40	年最大值	耿贝尔
9		广州	$i=\dfrac{98.9152+50.4552\lg T}{(t+38.5252)^{1.036}}$	281	1961～2000	40	年最大值	耿贝尔
10		河源	$i=\dfrac{14.967+7.6938\lg T}{(t+16.5214)^{0.6757}}$	253	1961～2000	40	年最大值	耿贝尔
11		增城	$i=\dfrac{81.8607+40.9826\lg T}{(t+34.4363)^{1.003}}$	285	1961～2000	40	年最大值	耿贝尔
12		惠阳	$i=\dfrac{11.5784+6.2296\lg T}{(t+14.7781)^{0.6364}}$	234	1961～2000	40	年最大值	耿贝尔
13		五华	$i=\dfrac{103.3831+65.6103\lg T}{(t+49.6511)^{1.0409}}$	248	1961～2000	40	年最大值	耿贝尔

续表

序号	所在地区	城市名称	暴雨强度公式	$T_M=2a$ q_{20}	起止年份	资料年份	选样方法	理论分布
14	广东省	汕头	$i=\frac{12.0616+7.3124\lg T}{(t+14.4841)^{0.6445}}$	243	1961～2000	40	年最大值	耿贝尔
15		惠来	$i=\frac{6.6316+3.9338\lg T}{(t+10.3038)^{0.4856}}$	249	1961～2000	40	年最大值	耿贝尔
16		信宜	$i=\frac{51.5652+26.638\lg T}{(t+33.4657)^{0.8884}}$	290	1961～2000	40	年最大值	耿贝尔
17		罗定	$i=\frac{64.2236+38.5231\lg T}{(t+28.6513)^{1.0195}}$	241	1961～2000	40	年最大值	耿贝尔
18		台山	$i=\frac{89.5921+38.6649\lg T}{(t+53.0041)^{0.9698}}$	263	1961～2000	40	年最大值	耿贝尔
19		深圳	$i=\frac{14.2239+8.8078\lg T}{(t+17.7227)^{0.6668}}$	250	1961～2000	40	年最大值	耿贝尔
20		汕尾	$i=\frac{8.9232+5.3114\lg T}{(t+22.6432)^{0.5165}}$	252	1961～2000	40	年最大值	耿贝尔
21		湛江	$i=\frac{5.9064+2.8067\lg T}{(t+8.1635)^{0.4046}}$	292	1961～2000	40	年最大值	耿贝尔
22		阳江	$i=\frac{8.0092+3.9722\lg T}{(t+14.7065)^{0.4566}}$	304	1961～2000	40	年最大值	耿贝尔
23		电白	$i=\frac{14.2986+9.603\lg T}{(t+14.3973)^{0.6584}}$	279	1961～2000	40	年最大值	耿贝尔
24		上川岛	$i=\frac{3.7377+2.0212\lg T}{(t+2.9104)^{0.3217}}$	265	1965～2000	36	年最大值	耿贝尔
25		徐闻	$i=\frac{14.2069+6.9807\lg T}{(t+18.9161)^{0.611}}$	290	1961～2000	40	年最大值	耿贝尔

广西壮族自治区城市暴雨强度公式编制站点分布图

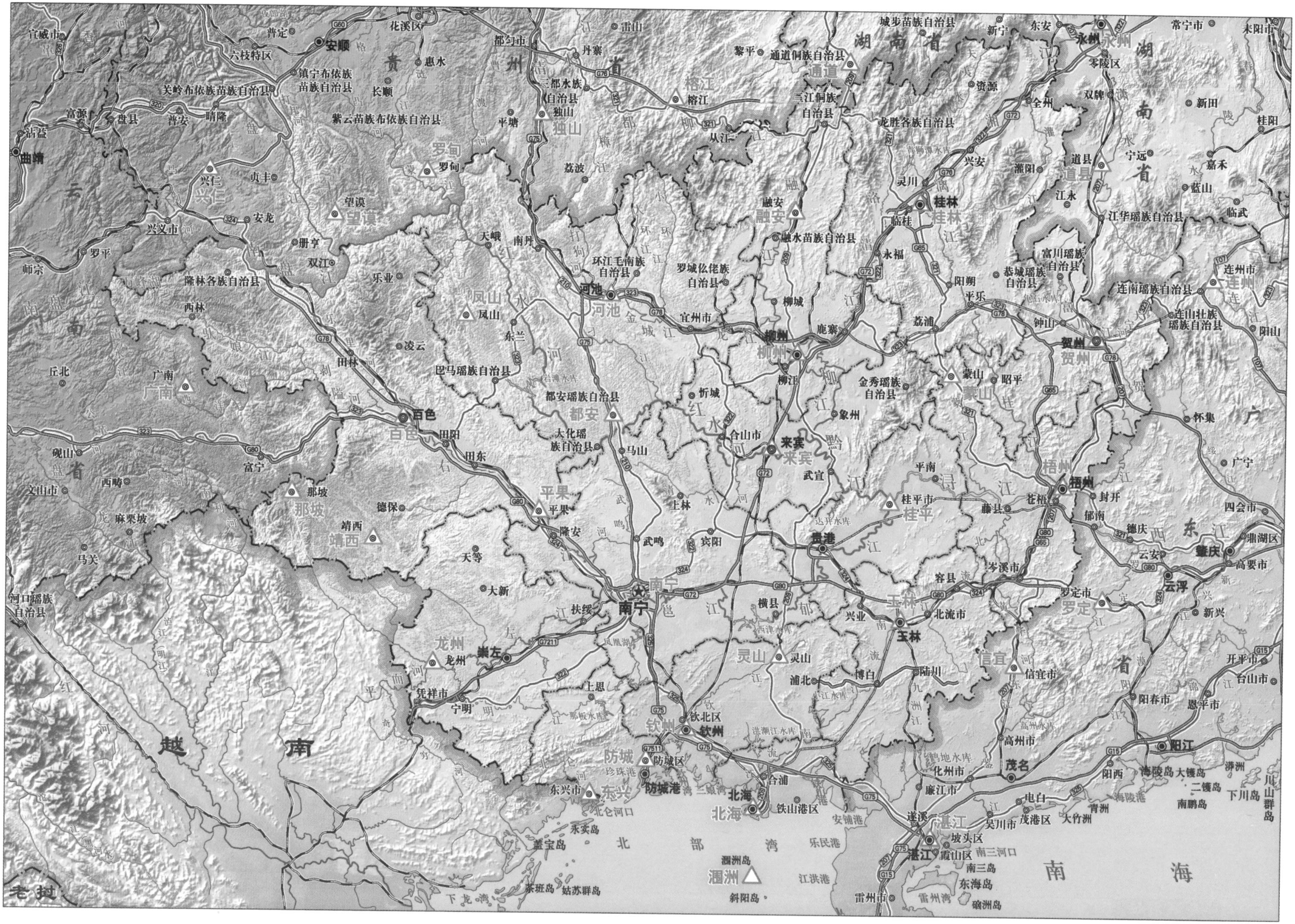

比例尺 1∶369万 0 36.9 73.8 110.7km

广西壮族自治区城市暴雨强度公式成果表

序号	所在地区	城市名称	暴雨强度公式	$T_M=2a$ q_{20}	起止年份	资料年份	选样方法	理论分布
1	广西壮族自治区	融安	$i=\dfrac{6.8819+3.3909\lg T}{(t+7.635)^{0.5073}}$	245	1961～2000	40	年最大值	耿贝尔
2		桂林	$i=\dfrac{27.7193+13.5133\lg T}{(t+22.6101)^{0.8232}}$	241	1961～2000	40	年最大值	耿贝尔
3		凤山	$i=\dfrac{10.2191+6.6911\lg T}{(t+12.748)^{0.617}}$	237	1961～2000	40	年最大值	耿贝尔
4		河池	$i=\dfrac{17.1544+8.7213\lg T}{(t+14.3793)^{0.7346}}$	245	1961～2000	40	年最大值	耿贝尔
5		都安	$i=\dfrac{21.285+11.8634\lg T}{(t+23.1088)^{0.7282}}$	267	1961～2000	40	年最大值	耿贝尔
6		柳州	$i=\dfrac{5.9277+3.005\lg T}{(t+5.1773)^{0.5071}}$	222	1962～2000	39	年最大值	耿贝尔
7		蒙山	$i=\dfrac{8.1738+4.281\lg T}{(t+5.6352)^{0.5961}}$	228	1961～2000	40	年最大值	耿贝尔
8		贺州	$i=\dfrac{9.5126+3.9603\lg T}{(t+8.0063)^{0.6382}}$	213	1961～2000	40	年最大值	耿贝尔
9		那坡	$i=\dfrac{15.6094+9.7163\lg T}{(t+14.9623)^{0.7457}}$	218	1961～2000	40	年最大值	耿贝尔
10		百色	$i=\dfrac{13.7833+7.4506\lg T}{(t+12.0244)^{0.7006}}$	235	1961～2000	40	年最大值	耿贝尔
11		靖西	$i=\dfrac{51.7863+24.4757\lg T}{(t+30.5203)^{0.9377}}$	249	1961～2000	40	年最大值	耿贝尔
12		平果	$i=\dfrac{14.7581+9.1404\lg T}{(t+12.6659)^{0.7006}}$	254	1961～2000	40	年最大值	耿贝尔
13		来宾	$i=\dfrac{5.2854+3.2431\lg T}{(t+1.1324)^{0.5003}}$	227	1961～2000	40	年最大值	耿贝尔

续表

序号	所在地区	城市名称	暴雨强度公式	$T_M=2a$ q_{20}	起止年份	资料年份	选样方法	理论分布
14	广西壮族自治区	桂平	$i=\dfrac{7.7126+3.8549\lg T}{(t+12.2363)^{0.4985}}$	262	1961～2000	40	年最大值	耿贝尔
15		梧州	$i=\dfrac{16.1305+9.4404\lg T}{(t+14.8104)^{0.7005}}$	263	1961～2000	40	年最大值	耿贝尔
16		龙州	$i=\dfrac{9.9415+5.469\lg T}{(t+9.2805)^{0.6019}}$	253	1961～2000	40	年最大值	耿贝尔
17		南宁	$i=\dfrac{12.5482+5.6501\lg T}{(t+11.1017)^{0.6327}}$	270	1961～2000	40	年最大值	耿贝尔
18		灵山	$i=\dfrac{6.4216+3.3564\lg T}{(t+7.0763)^{0.4739}}$	259	1961～2000	40	年最大值	耿贝尔
19		玉林	$i=\dfrac{26.9607+14.6032\lg T}{(t+19.5997)^{0.8112}}$	264	1961～2000	40	年最大值	耿贝尔
20		东兴	$i=\dfrac{5.5388+2.5067\lg T}{(t+8.2346)^{0.3663}}$	309	1961～2000	40	年最大值	耿贝尔
21		防城	$i=\dfrac{10.6468+4.5572\lg T}{(t+12.1991)^{0.5447}}$	302	1982～2000	19	年最大值	耿贝尔
22		钦州	$i=\dfrac{15.7312+7.4948\lg T}{(t+16.5988)^{0.6557}}$	283	1961～2000	40	年最大值	耿贝尔
23		北海	$i=\dfrac{9.579+4.437\lg T}{(t+12.6213)^{0.5312}}$	286	1961～2000	40	年最大值	耿贝尔
24		涠洲	$i=\dfrac{6.6921+4.5832\lg T}{(t+12.7588)^{0.4433}}$	287	1965～2000	40	年最大值	耿贝尔

海南省城市暴雨强度公式编制站点分布图

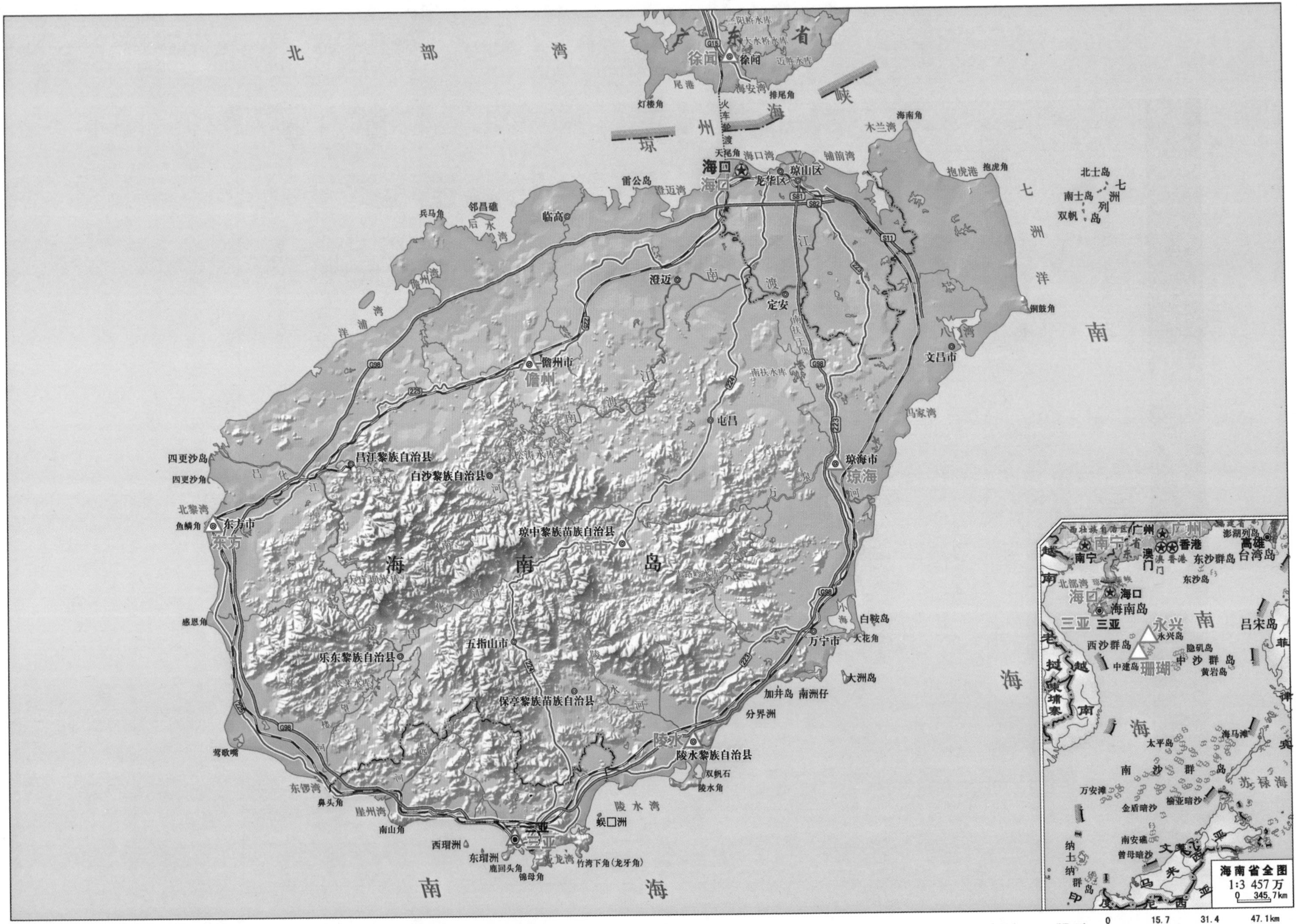

比例尺 1：157万 0 15.7 31.4 47.1km

海南省城市暴雨强度公式成果表

序号	所在地区	城市名称	暴雨强度公式	$T_M=2a$ q_{20}	起止年份	资料年份	选样方法	理论分布
1	海南省	海口	$i=\dfrac{9.8743+4.2726\lg T}{(t+14.7652)^{0.52}}$	294	1961～2000	40	年最大值	耿贝尔
2		东方	$i=\dfrac{7.9552+5.1655\lg T}{(t+16.1318)^{0.5202}}$	245	1961～2000	40	年最大值	耿贝尔
3		儋州	$i=\dfrac{9523.2389+5242.8172\lg T}{(t+103.6669)^{1.8021}}$	314	1961～2000	40	年最大值	耿贝尔
4		琼中	$i=\dfrac{40.4715+15.8735\lg T}{(t+37.2304)^{0.8143}}$	279	1961～2000	40	年最大值	耿贝尔
5		琼海	$i=\dfrac{1133.7103+605.6781\lg T}{(t+82.1886)^{1.4306}}$	293	1961～2000	40	年最大值	耿贝尔
6		三亚	$i=\dfrac{11.9087+5.9296\lg T}{(t+15.9536)^{0.6257}}$	243	1962～2000	39	年最大值	耿贝尔
7		陵水	$i=\dfrac{8.6029+5.9164\lg T}{(t+19.2137)^{0.5291}}$	248	1961～2000	40	年最大值	耿贝尔
8		永兴	$i=\dfrac{9.0823+6.191\lg T}{(t+14.7062)^{0.5663}}$	245	1961～2000	40	年最大值	耿贝尔
9		珊瑚	$i=\dfrac{30.2872+21.4778\lg T}{(t+39.3075)^{0.7797}}$	254	1975～2000	26	年最大值	耿贝尔

重庆市城市暴雨强度公式编制站点分布图

比例尺 1：270万

0 27.0 54.0 81.0km

重庆市城市暴雨强度公式成果表

序号	所在地区	城市名称	暴雨强度公式	$T_M=2a$ q_{20}	起止年份	资料年份	选样方法	理论分布
1	重庆市	奉节	$i=\frac{6.1608+5.3857\lg T}{(t+5.7021)^{0.6179}}$	175	1962～2000	39	年最大值	耿贝尔
2		梁平	$i=\frac{8.2816+4.5505\lg T}{(t+13.3344)^{0.5999}}$	196	1961～2000	40	年最大值	耿贝尔
3		万州	$i=\frac{11.2154+9.2464\lg T}{(t+9.3857)^{0.7514}}$	184	1961～2000	40	年最大值	耿贝尔
4		陈家坪	$i=\frac{12.8672+15.4192\lg T}{(t+13.1584)^{0.7801}}$	190	1967～1986	20	年最大值	耿贝尔
5		沙坪坝	$i=\frac{10.0404+7.8626\lg T}{(t+9.8395)^{0.6868}}$	201	1961～2000	40	年最大值	耿贝尔
6		涪陵	$i=\frac{6.5567+4.1302\lg T}{(t+8.6199)^{0.6057}}$	170	1961～2000	40	年最大值	耿贝尔
7		彭水	$i=\frac{7.4225+4.1418\lg T}{(t+8.0216)^{0.5932}}$	200	1961～2000	40	年最大值	耿贝尔
8		酉阳	$i=\frac{3.4657+2.7133\lg T}{(t+0.9714)^{0.4776}}$	167	1961～2000	40	年最大值	耿贝尔

四川省城市暴雨强度公式编制站点分布图

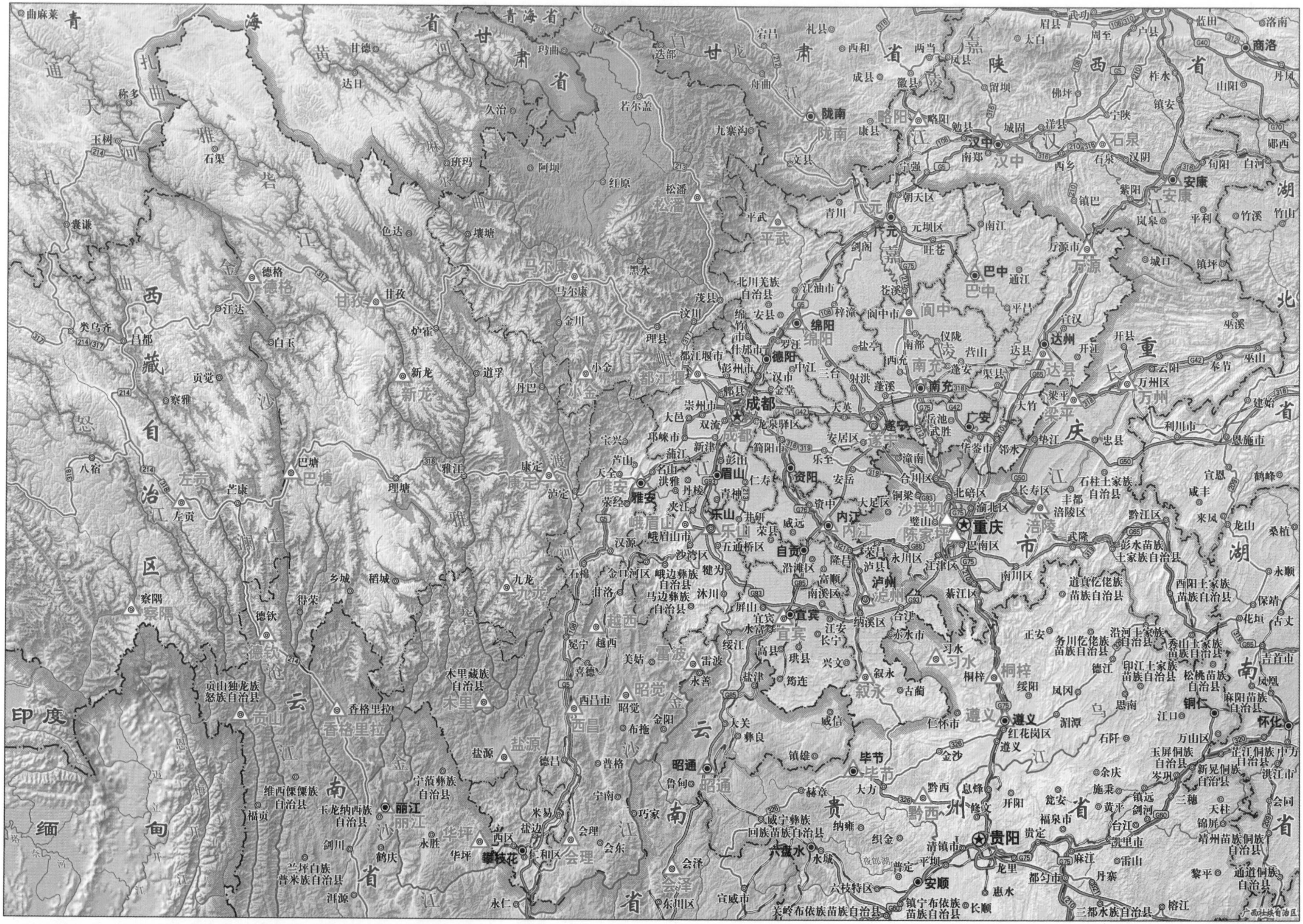

比例尺 1：550万

0 55.0 110.0 165.0km

四川省城市暴雨强度公式成果表

序号	所在地区	城市名称	暴雨强度公式	$T_M=2a$ q_{20}	起止年份	资料年份	选样方法	理论分布
1	四川省	德格	$i=\dfrac{14.3906+12.5944\lg T}{(t+7.2982)^{1.0821}}$	85	1961～1968 1973～2000	36	年最大值	耿贝尔
2		甘孜	$i=\dfrac{4.4812+3.7359\lg T}{(t+4.0119)^{0.8102}}$	71	1961～1970 1972 1979～2000	33	年最大值	耿贝尔
3		马尔康	$i=\dfrac{11.2061+12.9662\lg T}{(t+8.4126)^{1.0025}}$	88	1972～2000	29	年最大值	耿贝尔
4		小金	$i=\dfrac{9.7448+11.4891\lg T}{(t+8.8399)^{1.0009}}$	76	1967～1971 1979～2000	27	年最大值	耿贝尔
5		松潘	$i=\dfrac{30.0778+41.0314\lg T}{(t+18.7333)^{1.1813}}$	94	1961 1963～1968 1973～2000	35	年最大值	耿贝尔
6		都江堰	$i=\dfrac{90.4146+69.5252\lg T}{(t+46.0768)^{1.0666}}$	212	1961～2000	40	年最大值	耿贝尔
7		平武	$i=\dfrac{9.5574+12.1855\lg T}{(t+12.982)^{0.801}}$	134	1961～2000	40	年最大值	耿贝尔
8		绵阳	$i=\dfrac{37.8173+28.2662\lg T}{(t+36.9741)^{0.9178}}$	189	1961～2000	40	年最大值	耿贝尔
9		巴塘	$i=\dfrac{6.5226+7.272\lg T}{(t+6.5812)^{0.9354}}$	68	1962～1963 1977～2000	26	年最大值	耿贝尔
10		新龙	$i=\dfrac{21.8666+23.5403\lg T}{(t+11.3272)^{1.2039}}$	76	1965～1968 1970～2000	34	年最大值	耿贝尔
11		雅安	$i=\dfrac{8.2145+8.1079\lg T}{(t+18.9476)^{0.5778}}$	214	1961～2000	40	年最大值	耿贝尔
12		成都	$i=\dfrac{122.3291+109.1556\lg T}{(t+43.6693)^{1.1607}}$	208	1961～2000	40	年最大值	耿贝尔
13		康定	$i=\dfrac{2.3971+4.3267\lg T}{(t+4.2632)^{0.8475}}$	41	1961～2000	40	年最大值	耿贝尔

续表

序号	所在地区	城市名称	暴雨强度公式	$T_M=2a$ q_{20}	起止年份	资料年份	选样方法	理论分布
14	四川省	峨眉山	$i=\frac{23.3376+14.2488\lg T}{(t+22.5631)^{0.8273}}$	207	1964～2000	37	年最大值	耿贝尔
15		乐山	$i=\frac{8.7788+5.3098\lg T}{(t+22.5876)^{0.5452}}$	224	1961～2000	40	年最大值	耿贝尔
16		木里	$i=\frac{150.6244+143.9027\lg T}{(t+35.6262)^{1.3763}}$	128	1963～2000	38	年最大值	耿贝尔
17		九龙	$i=\frac{6.1943+5.9528\lg T}{(t+6.2546)^{0.8624}}$	80	1961～2000	40	年最大值	耿贝尔
18		越西	$i=\frac{14.7493+12.0641\lg T}{(t+18.5659)^{0.846}}$	139	1961～2000	40	年最大值	耿贝尔
19		昭觉	$i=\frac{174.9625+148.5352\lg T}{(t+39.3649)^{1.3524}}$	146	1961～2000	40	年最大值	耿贝尔
20		雷波	$i=\frac{53.6109+45.1746\lg T}{(t+36.0659)^{1.0606}}$	157	1961～2000	40	年最大值	耿贝尔
21		宜宾	$i=\frac{183.6961+145.5151\lg T}{(t+45.9298)^{1.2256}}$	224	1961～2000	40	年最大值	耿贝尔
22		盐源	$i=\frac{71.9779+65.6011\lg T}{(t+37.4187)^{1.1527}}$	143	1963～1968 1970～2000	37	年最大值	耿贝尔
23		西昌	$i=\frac{5.6288+5.6816\lg T}{(t+14.3157)^{0.5913}}$	151	1961～2000	40	年最大值	耿贝尔
24		会理	$i=\frac{21.6526+13.1409\lg T}{(t+29.6115)^{0.8072}}$	183	1961～2000	40	年最大值	耿贝尔
25		广元	$i=\frac{28.6787+22.4137\lg T}{(t+25.3663)^{0.9207}}$	176	1961～2000	40	年最大值	耿贝尔
26		万源	$i=\frac{10.9965+10.4375\lg T}{(t+12.3277)^{0.755}}$	171	1961～2000	40	年最大值	耿贝尔
27		阆中	$i=\frac{10.3787+6.6726\lg T}{(t+17.9746)^{0.6598}}$	187	1961～2000	40	年最大值	耿贝尔

续表

序号	所在地区	城市名称	暴雨强度公式	$T_M=2a$ q_{20}	起止年份	资料年份	选样方法	理论分布
28	四川省	巴中	$i=\frac{8.0705+5.4093\lg T}{(t+13.706)^{0.6156}}$	185	1961～2000	40	年最大值	耿贝尔
29		达县	$i=\frac{21.8033+16.8034\lg T}{(t+22.4183)^{0.8438}}$	190	1961～1984 1986～2000	39	年最大值	耿贝尔
30		遂宁	$i=\frac{22.4971+16.234\lg T}{(t+27.172)^{0.8164}}$	196	1961～2000	40	年最大值	耿贝尔
31		南充	$i=\frac{28.6611+22.629\lg T}{(t+26.1491)^{0.9068}}$	183	1961～2000	40	年最大值	耿贝尔
32		内江	$i=\frac{21.8139+19.1897\lg T}{(t+22.5241)^{0.8336}}$	202	1961～2000	40	年最大值	耿贝尔
33		泸州	$i=\frac{71.7533+39.8695\lg T}{(t+41.6259)^{1.0169}}$	211	1961～2000	40	年最大值	耿贝尔
34		叙永	$i=\frac{13.1995+18.6746\lg T}{(t+14.514)^{0.7908}}$	191	1961～2000	40	年最大值	耿贝尔

贵州省城市暴雨强度公式编制站点分布图

比例尺 1∶311万

贵州省城市暴雨强度公式成果表

序号	所在地区	城市名称	暴雨强度公式	$T_M = 2a$ q_{20}	起止年份	资料年份	选样方法	理论分布
1	贵州省	威宁	$i=\frac{20.1326+13.8982\lg T}{(t+17.5251)^{0.8699}}$	173	1961～2000	40	年最大值	耿贝尔
2		盘县	$i=\frac{11.2568+6.7216\lg T}{(t+12.0265)^{0.6709}}$	216	1961～2000	40	年最大值	耿贝尔
3		桐梓	$i=\frac{14.1327+8.7986\lg T}{(t+15.8441)^{0.7394}}$	198	1961～2000	40	年最大值	耿贝尔
4		习水	$i=\frac{4.8378+2.9509\lg T}{(t+5.2922)^{0.4942}}$	193	1963～2000	38	年最大值	耿贝尔
5		毕节	$i=\frac{10.7837+7.9243\lg T}{(t+11.3039)^{0.7104}}$	190	1961～2000	40	年最大值	耿贝尔
6		遵义	$i=\frac{21.2039+16.2281\lg T}{(t+17.4046)^{0.8411}}$	207	1961～2000	40	年最大值	耿贝尔
7		湄潭	$i=\frac{36.8648+23.9102\lg T}{(t+30.2268)^{0.9054}}$	212	1961～2000	40	年最大值	耿贝尔
8		思南	$i=\frac{17.0836+9.8112\lg T}{(t+19.6513)^{0.7776}}$	191	1962～2000	39	年最大值	耿贝尔
9		铜仁	$i=\frac{10.639+5.6546\lg T}{(t+15.5107)^{0.6555}}$	198	1961 1963～2000	39	年最大值	耿贝尔
10		黔西	$i=\frac{18.2384+15.6657\lg T}{(t+18.0247)^{0.8491}}$	174	1961 1964～1967 1979～2000	27	年最大值	耿贝尔
11		安顺	$i=\frac{19.0635+27.1584\lg T}{(t+18.1534)^{0.8462}}$	208	1961～2000	40	年最大值	耿贝尔
12		贵阳	$i=\frac{9.447+6.4902\lg T}{(t+11.7129)^{0.6571}}$	196	1961～2000	40	年最大值	耿贝尔
13		凯里	$i=\frac{6.298+4.7559\lg T}{(t+7.6678)^{0.5785}}$	189	1961～2000	40	年最大值	耿贝尔

续表

序号	所在地区	城市名称	暴雨强度公式	$T_M=2a$ q_{20}	起止年份	资料年份	选样方法	理论分布
14	贵州省	三穗	$i=\frac{8.6887+6.202\lg T}{(t+12.231)^{0.6771}}$	168	1961～2000	40	年最大值	耿贝尔
15		兴仁	$i=\frac{12.8507+7.6492\lg T}{(t+14.6082)^{0.7092}}$	205	1961～2000	40	年最大值	耿贝尔
16		望谟	$i=\frac{44.787+23.82\lg T}{(t+35.3146)^{0.893}}$	241	1961～2000	40	年最大值	耿贝尔
17		罗甸	$i=\frac{16.8271+15.2334\lg T}{(t+17.1575)^{0.7693}}$	221	1961～2000	40	年最大值	耿贝尔
18		独山	$i=\frac{9.3173+7.5224\lg T}{(t+10.4847)^{0.6674}}$	197	1962～2000	39	年最大值	耿贝尔
19		榕江	$i=\frac{6.1011+3.4244\lg T}{(t+5.7389)^{0.5733}}$	185	1965～1969 1972～2000	34	年最大值	耿贝尔

云南省城市暴雨强度公式编制站点分布图

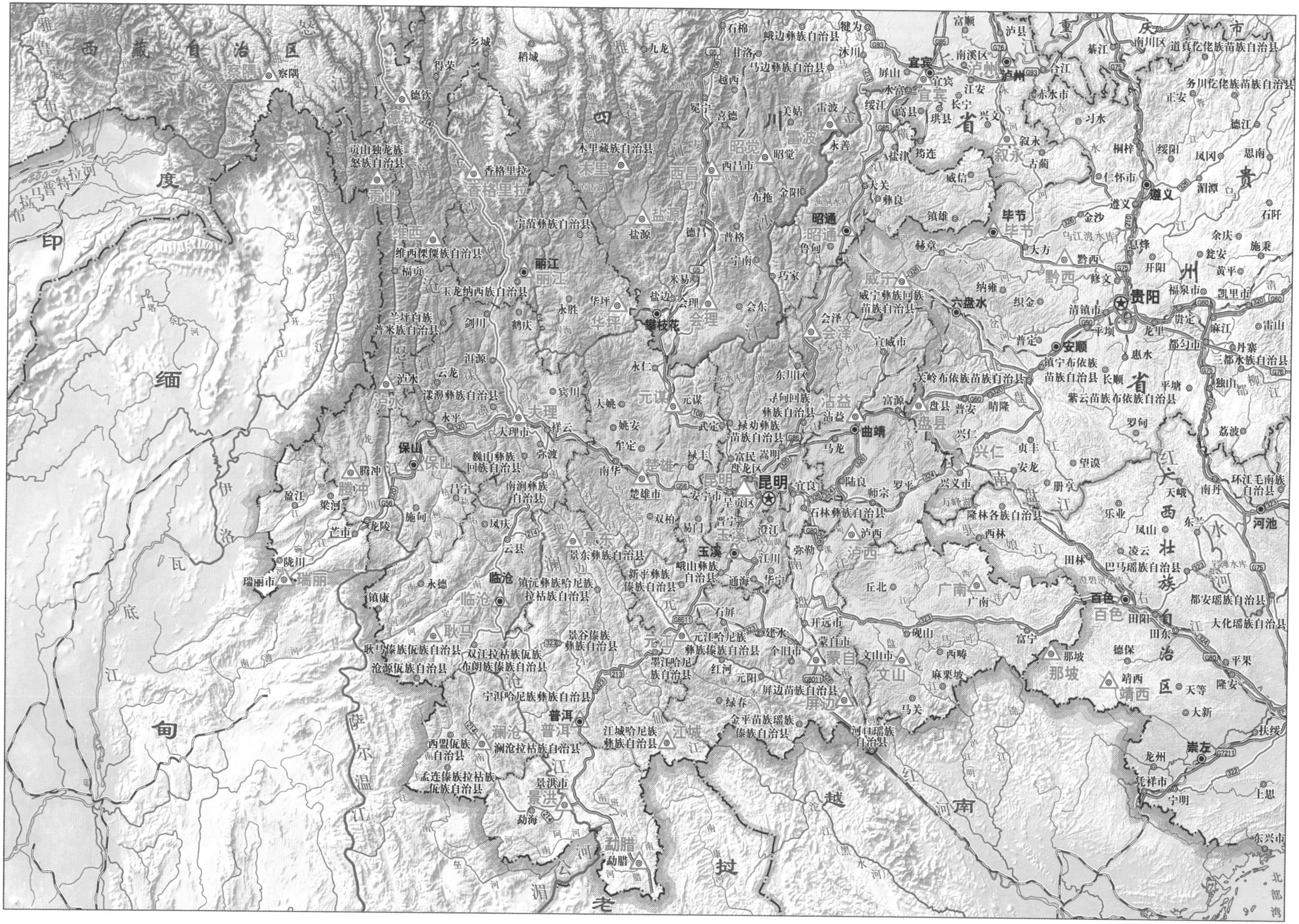

比例尺 1：542 万

0 54.2 108.4 162.6km

云南省城市暴雨强度公式成果表

序号	所在地区	城市名称	暴雨强度公式	$T_M=2a$ q_{20}	起止年份	资料年份	选样方法	理论分布
1	云南省	昆明	$i=\dfrac{8.7143+6.9307\lg T}{(t+10.5675)^{0.6946}}$	167	1961～2000	40	年最大值	耿贝尔
2	云南省	昭通	$i=\dfrac{7.5764+9.5187\lg T}{(t+8.3183)^{0.7326}}$	150	1962～2000	39	年最大值	耿贝尔
3	云南省	会泽	$i=\dfrac{14.5304+11.7604\lg T}{(t+18.1057)^{0.8216}}$	151	1961～2000	40	年最大值	耿贝尔
4	云南省	沾益	$i=\dfrac{52.9473+34.0996\lg T}{(t+29.368)^{1.032}}$	188	1961～2000	40	年最大值	耿贝尔
5	云南省	玉溪	$i=\dfrac{241.5826+146.3806\lg T}{(t+47.5028)^{1.3173}}$	185	1961～2000	40	年最大值	耿贝尔
6	云南省	元江	$i=\dfrac{8.0911+5.5651\lg T}{(t+10.5976)^{0.6592}}$	171	1961～2000	40	年最大值	耿贝尔
7	云南省	泸西	$i=\dfrac{8.9337+5.6949\lg T}{(t+14.2965)^{0.6442}}$	182	1961～2000	40	年最大值	耿贝尔
8	云南省	蒙自	$i=\dfrac{22.8645+19.5817\lg T}{(t+17.272)^{0.9087}}$	179	1961～2000	40	年最大值	耿贝尔
9	云南省	屏边	$i=\dfrac{19.2087+7.8591\lg T}{(t+13.6641)^{0.8206}}$	201	1965～2000	36	年最大值	耿贝尔
10	云南省	文山	$i=\dfrac{11.0924+8.3534\lg T}{(t+7.0995)^{0.7685}}$	180	1962～2000	39	年最大值	耿贝尔
11	云南省	广南	$i=\dfrac{44.9944+24.38\lg T}{(t+25.993)^{0.9729}}$	210	1969～2000	32	年最大值	耿贝尔
12	云南省	元谋	$i=\dfrac{10.6015+8.272\lg T}{(t+12.7706)^{0.7719}}$	148	1961～2000	40	年最大值	耿贝尔
13	云南省	楚雄	$i=\dfrac{111.1808+64.7034\lg T}{(t+37.0189)^{1.1829}}$	182	1961～2000	40	年最大值	耿贝尔

续表

序号	所在地区	城市名称	暴雨强度公式	$T_M=2a$ q_{20}	起止年份	资料年份	选样方法	理论分布
14	云南省	景东	$i=\frac{12.2537+8.7846\lg T}{(t+13.5698)^{0.7706}}$	166	1961～2000	40	年最大值	耿贝尔
15		澜沧	$i=\frac{22.2085+11.1919\lg T}{(t+17.8713)^{0.8501}}$	194	1961～2000	40	年最大值	耿贝尔
16		普洱	$i=\frac{20.9095+11.5148\lg T}{(t+14.4282)^{0.8292}}$	216	1961～2000	40	年最大值	耿贝尔
17		江城	$i=\frac{10.9982+4.6884\lg T}{(t+13.9701)^{0.6053}}$	245	1961～2000	40	年最大值	耿贝尔
18		景洪	$i=\frac{8.607+4.3843\lg T}{(t+9.0431)^{0.6294}}$	199	1961～2000	40	年最大值	耿贝尔
19		勐腊	$i=\frac{5.2073+2.5183\lg T}{(t+3.8823)^{0.4902}}$	210	1961～2000	40	年最大值	耿贝尔
20		耿马	$i=\frac{113.8157+81.0003\lg T}{(t+35.7771)^{1.2088}}$	178	1967～2000	34	年最大值	耿贝尔
21		临沧	$i=\frac{23.2147+14.1804\lg T}{(t+18.9287)^{0.9223}}$	156	1961～2000	40	年最大值	耿贝尔
22		大理	$i=\frac{15.2038+13.3359\lg T}{(t+13.469)^{0.88}}$	146	1961～2000	40	年最大值	耿贝尔
23		腾冲	$i=\frac{40.5783+24.0236\lg T}{(t+23.5063)^{1.0304}}$	163	1961～2000	40	年最大值	耿贝尔
24		保山	$i=\frac{58.8251+34.3716\lg T}{(t+29.4015)^{1.0973}}$	160	1961～2000	40	年最大值	耿贝尔
25		瑞丽	$i=\frac{12.2196+5.2805\lg T}{(t+12.0083)^{0.7255}}$	186	1961～2000	40	年最大值	耿贝尔
26		丽江	$i=\frac{18.442+10.5302\lg T}{(t+21.2226)^{0.8501}}$	153	1961～2000	40	年最大值	耿贝尔
27		华坪	$i=\frac{7.7707+6.6034\lg T}{(t+9.9923)^{0.6576}}$	174	1961～1962 1966～1967 1972 1978～2000	28	年最大值	耿贝尔

续表

序号	所在地区	城市名称	暴雨强度公式	$T_M=2a$ q_{20}	起止年份	资料年份	选样方法	理论分布
28	云南省	德钦	$i=\dfrac{24.751+28.0719\lg T}{(t+24.803)^{1.1671}}$	65	1961 1966～1967 1978 1981～2000	24	年最大值	耿贝尔
29		香格里拉	$i=\dfrac{5.6022+12.0922\lg T}{(t+9.0305)^{0.93}}$	67	1961～2000	40	年最大值	耿贝尔
30		维西	$i=\dfrac{3.8363+9.9879\lg T}{(t+9.3124)^{0.8}}$	76	1961～2000	40	年最大值	耿贝尔
31		贡山	$i=\dfrac{4.4833+4.1394\lg T}{(t+11.5012)^{0.7503}}$	72	1961～2000	40	年最大值	耿贝尔
32		泸水	$i=\dfrac{6.7943+5.4834\lg T}{(t+12.91)^{0.6941}}$	125	1961～2000	40	年最大值	耿贝尔

西藏自治区城市暴雨强度公式编制站点分布图

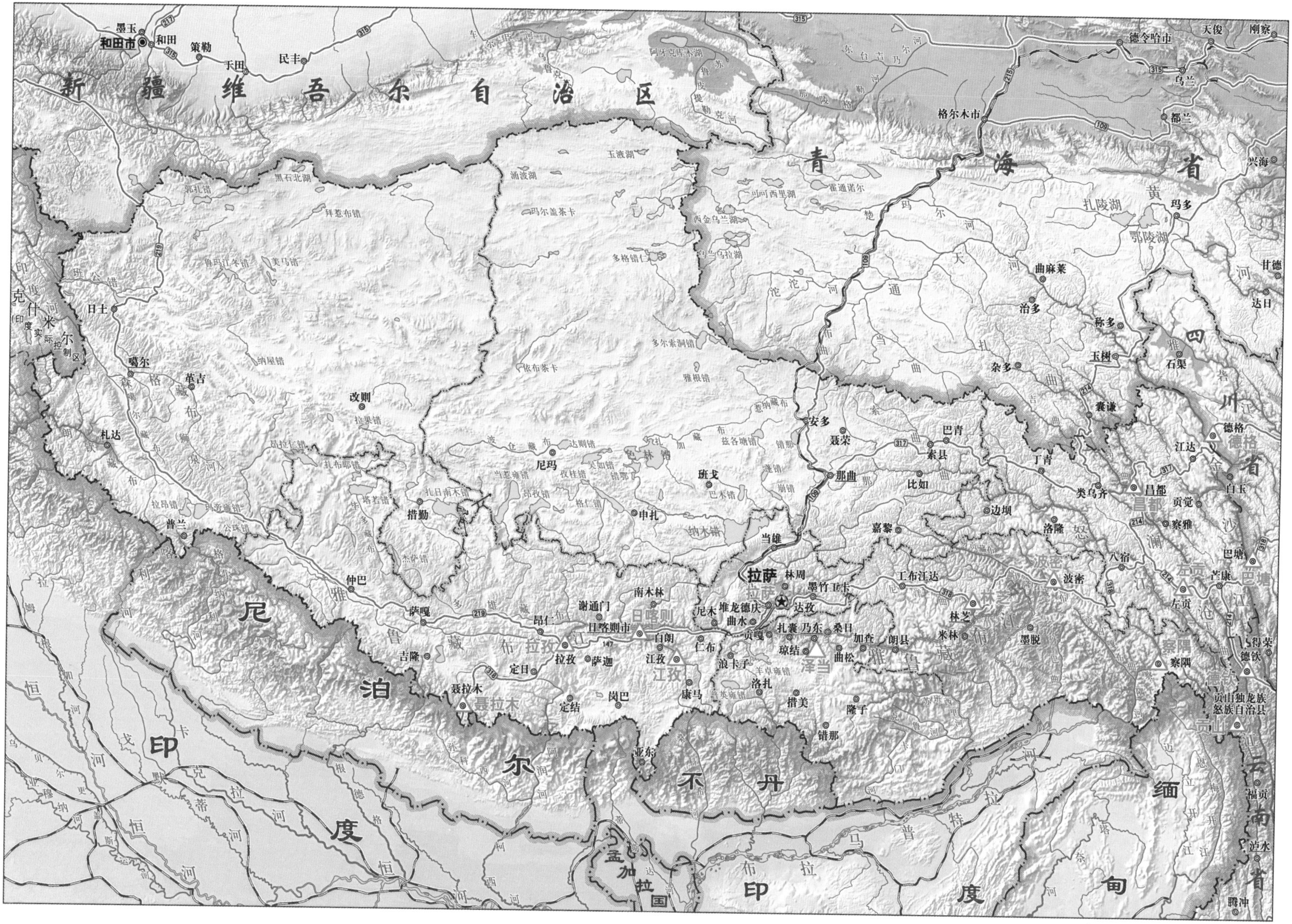

比例尺 1：817万

0 81.7 163.4 245.1km

西藏自治区城市暴雨强度公式成果表

序号	所在地区	城市名称	暴雨强度公式	$T_M=2a$ q_{20}	起止年份	资料年份	选样方法	理论分布
1	西藏自治区	拉孜	$i=\dfrac{3.3314+3.8589\lg T}{(t+4.8008)^{0.7902}}$	59	1977～2000	24	年最大值	耿贝尔
2		日喀则	$i=\dfrac{4.9165+3.9271\lg T}{(t+6.6597)^{0.817}}$	70	1961～2000	40	年最大值	耿贝尔
3		拉萨	$i=\dfrac{5.7203+6.6653\lg T}{(t+6.2892)^{0.8643}}$	76	1961～1967 1969～2000	39	年最大值	耿贝尔
4		泽当	$i=\dfrac{6.9205+7.7104\lg T}{(t+10.4312)^{0.9764}}$	55	1961～2000	40	年最大值	耿贝尔
5		聂拉木	$i=\dfrac{0.3893+0.2788\lg T}{(t+0.0102)^{0.3661}}$	26	1967～2000	34	年最大值	耿贝尔
6		江孜	$i=\dfrac{6.5184+7.8486\lg T}{(t+8.5738)^{1.0007}}$	52	1963～1967 1969～2000	37	年最大值	耿贝尔
7		昌都	$i=\dfrac{5.6406+6.9530\lg T}{(t+5.9821)^{0.9086}}$	67	1961～2000	40	年最大值	耿贝尔
8		波密	$i=\dfrac{1.1209+5.0014\lg T}{(t+1.1501)^{0.8871}}$	29	1972～2000	29	年最大值	耿贝尔
9		左贡	$i=\dfrac{32.8108+43.2262\lg T}{(t+21.5013)^{1.2788}}$	65	1979～2000	22	年最大值	耿贝尔
10		察隅	$i=\dfrac{2.9115+4.022\lg T}{(t+6.0322)^{0.7675}}$	56	1969～2000	32	年最大值	耿贝尔
11		林芝	$i=\dfrac{10.3925+16.7017\lg T}{(t+11.6686)^{1.0986}}$	58	1961～1968 1970～2000	39	年最大值	耿贝尔

陕西省城市暴雨强度公式编制站点分布图

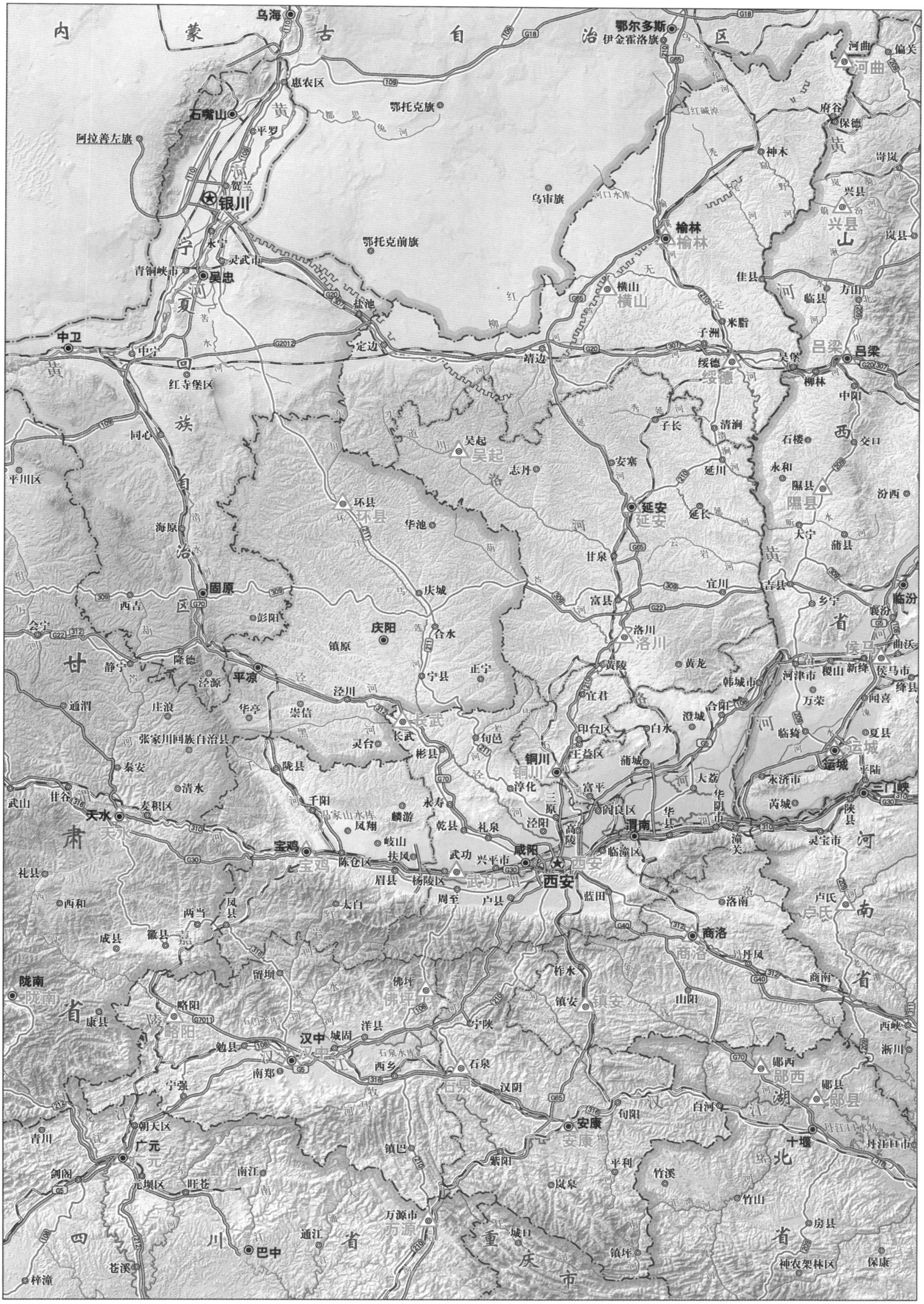

比例尺 1：361 万 0 36.1 72.2 108.3 km

陕西省城市暴雨强度公式成果表

序号	所在地区	城市名称	暴雨强度公式	$T_M=2a$ q_{20}	起止年份	资料年份	选样方法	理论分布
1	陕西省	榆林	$i=\dfrac{238.9796+261.7579\lg T}{(t+37.6785)^{1.4523}}$	147	1961～1964 1972～2000	33	年最大值	耿贝尔
2		横山	$i=\dfrac{7.8115+9.0950\lg T}{(t+8.5662)^{0.7816}}$	128	1961～2000	40	年最大值	耿贝尔
3		绥德	$i=\dfrac{12.0995+16.6451\lg T}{(t+12.016)^{0.8898}}$	131	1961～2000	40	年最大值	耿贝尔
4		延安	$i=\dfrac{22.7216+24.5876\lg T}{(t+20.3651)^{0.9542}}$	147	1961～2000	40	年最大值	耿贝尔
5		吴旗	$i=\dfrac{8.5639+13.3046\lg T}{(t+10.0646)^{0.8155}}$	131	1961 1963～2000	39	年最大值	耿贝尔
6		洛川	$i=\dfrac{25.5151+33.75\lg T}{(t+26.9303)^{0.9516}}$	153	1962～2000	39	年最大值	耿贝尔
7		铜川	$i=\dfrac{49.6295+57.4361\lg T}{(t+26.4658)^{1.1082}}$	158	1961～2000	40	年最大值	耿贝尔
8		宝鸡	$i=\dfrac{2.5531+3.1272\lg T}{(t+4.0496)^{0.5823}}$	91	1961～2000	40	年最大值	耿贝尔
9		长武	$i=\dfrac{55.0804+61.7799\lg T}{(t+29.0624)^{1.1738}}$	127	1973～2000	28	年最大值	耿贝尔
10		武功	$i=\dfrac{8.5797+16.3121\lg T}{(t+18.5586)^{0.8124}}$	116	1961～2000	40	年最大值	耿贝尔
11		西安	$i=\dfrac{18.2926+31.7414\lg T}{(t+20.4709)^{0.9861}}$	121	1961～2000	40	年最大值	耿贝尔
12		汉中	$i=\dfrac{4.6563+3.9911\lg T}{(t+8.9434)^{0.5973}}$	131	1961～2000	40	年最大值	耿贝尔
13		佛坪	$i=\dfrac{8.5112+6.4886\lg T}{(t+14.1757)^{0.7133}}$	141	1961～2000	40	年最大值	耿贝尔

续表

序号	所在地区	城市名称	暴雨强度公式	$T_M=2a$ q_{20}	起止年份	资料年份	选样方法	理论分布
14	陕西省	略阳	$i=\dfrac{4.8508+4.3392\lg T}{(t+6.4133)^{0.6102}}$	139	1961～1967 1969～2000	39	年最大值	耿贝尔
15		安康	$i=\dfrac{5.3712+5.8131\lg T}{(t+12.1038)^{0.619}}$	139	1961～2000	40	年最大值	耿贝尔
16		石泉	$i=\dfrac{10.1689+11.4649\lg T}{(t+14.4372)^{0.7652}}$	151	1961～2000	40	年最大值	耿贝尔
17		商县	$i=\dfrac{140.6767+154.0508\lg T}{(t+33.7688)^{1.3689}}$	133	1961～2000	40	年最大值	耿贝尔
18		镇安	$i=\dfrac{37.4267+34.8327\lg T}{(t+26.8215)^{1.0606}}$	135	1962～2000	40	年最大值	耿贝尔

甘肃省城市暴雨强度公式编制站点分布图

比例尺 1：685万

0　68.5　137.0　205.5km

甘肃省城市暴雨强度公式成果表

序号	所在地区	城市名称	暴雨强度公式	$T_M=2a$ q_{20}	起止年份	资料年份	选样方法	理论分布
1	甘肃省	酒泉	$i=\frac{4.0964+10.3576\lg T}{(t+14.3733)^{0.9257}}$	46	1961～2000	40	年最大值	耿贝尔
2		敦煌	$i=\frac{6.8041+52.0409\lg T}{(t+14.5696)^{1.3569}}$	31	1961～1966 1988～2000	19	年最大值	耿贝尔
3		张掖	$i=\frac{1.7149+3.3325\lg T}{(t+5.5976)^{0.8417}}$	30	1961～2000	40	年最大值	耿贝尔
4		高台	$i=\frac{1.7435+4.612\lg T}{(t+5.5272)^{0.8361}}$	35	1961～2000	40	年最大值	耿贝尔
5		山丹	$i=\frac{3.7434+10.3040\lg T}{(t+8.222)^{0.8902}}$	58	1961～2000	40	年最大值	耿贝尔
6		武威	$i=\frac{1.5293+3.6485\lg T}{(t+5.1115)^{0.7427}}$	40	1961～2000	40	年最大值	耿贝尔
7		乌鞘岭	$i=\frac{5.89+10.741\lg T}{(t+9.3213)^{0.9877}}$	54	1963～2000	38	年最大值	耿贝尔
8		景泰	$i=\frac{2.1569+4.1366\lg T}{(t+4.6154)^{0.7549}}$	51	1961～2000	40	年最大值	耿贝尔
9		靖远	$i=\frac{6.1781+9.3346\lg T}{(t+11.2441)^{0.8962}}$	69	1961～2000	40	年最大值	耿贝尔
10		兰州	$i=\frac{23.9724+48.8172\lg T}{(t+24.3513)^{1.1412}}$	85	1961～2000	40	年最大值	耿贝尔
11		榆中	$i=\frac{5.4966+10.1148\lg T}{(t+9.1702)^{0.8416}}$	83	1961～2000	40	年最大值	耿贝尔
12		临洮	$i=\frac{29.3269+37.6712\lg T}{(t+21.5386)^{1.0736}}$	124	1961～2000	40	年最大值	耿贝尔
13		华家岭	$i=\frac{3.2484+3.6492\lg T}{(t+6.6164)^{0.6621}}$	83	1961～2000	40	年最大值	耿贝尔

续表

序号	所在地区	城市名称	暴雨强度公式	$T_M=2a$ q_{20}	起止年份	资料年份	选样方法	理论分布
14	甘肃省	岷县	$i=\frac{7.788+11.5545\lg T}{(t+7.8494)^{0.8753}}$	102	1963～2000	38	年最大值	耿贝尔
15		平凉	$i=\frac{14.0931+19.7429\lg T}{(t+17.1805)^{0.9481}}$	108	1961～2000	40	年最大值	耿贝尔
16		庆阳	$i=\frac{12.8301+12.9658\lg T}{(t+12.6093)^{0.905}}$	119	1961～2000	40	年最大值	耿贝尔
17		环县	$i=\frac{5.5828+5.3498\lg T}{(t+10.3175)^{0.7112}}$	106	1961～2000	40	年最大值	耿贝尔
18		天水	$i=\frac{10.3834+15.2967\lg T}{(t+15.3599)^{0.8867}}$	106	1961～2000	40	年最大值	耿贝尔
19		陇南	$i=\frac{7.5854+8.6294\lg T}{(t+8.7997)^{0.8534}}$	96	1963～1964 1966～2000	37	年最大值	耿贝尔
20		临夏	$i=\frac{12.1728+18.1941\lg T}{(t+16.8257)^{0.9252}}$	105	1961～2000	40	年最大值	耿贝尔
21		甘南	$i=\frac{5.76+8.8104\lg T}{(t+10.0121)^{0.7491}}$	110	1976～2000	25	年最大值	耿贝尔

青海省城市暴雨强度公式编制站点分布图

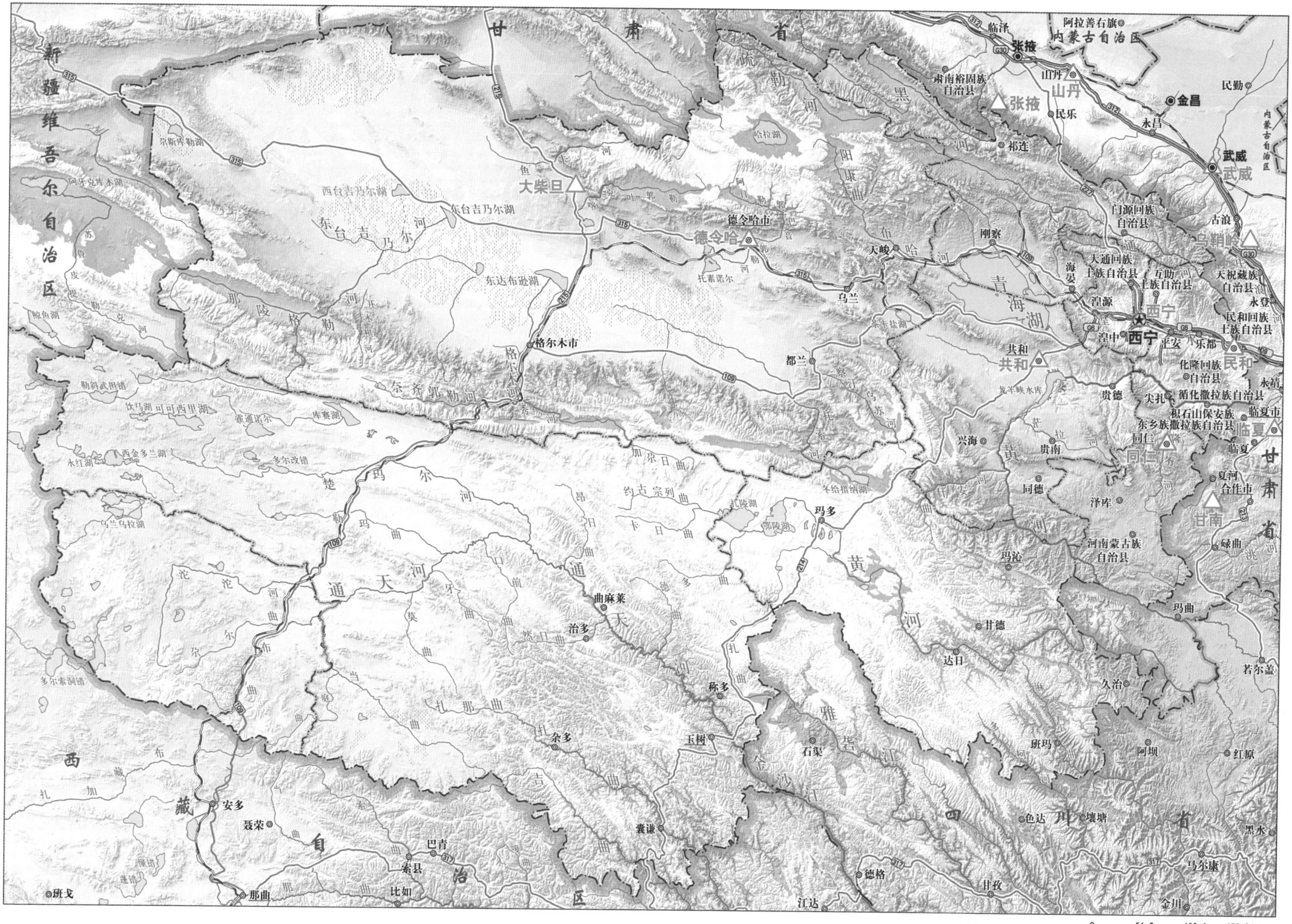

青海省城市暴雨强度公式成果表

序号	所在地区	城市名称	暴雨强度公式	$T_M=2a$ q_{20}	起止年份	资料年份	选样方法	理论分布
1	青海省	西宁	$i=\dfrac{4.71+5.7623\lg T}{(t+8.0494)^{0.8343}}$	67	1961～2000	40	年最大值	耿贝尔
2		民和	$i=\dfrac{2.4686+4.2129\lg T}{(t+4.9963)^{0.6818}}$	69	1961～2000	40	年最大值	耿贝尔
3		共和	$i=\dfrac{15.6776+28.9019\lg T}{(t+14.1253)^{1.1312}}$	75	1961～2000	40	年最大值	耿贝尔
4		大柴旦	$i=\dfrac{0.9367+1.6855\lg T}{(t+6.0397)^{0.69}}$	25	1964～2000	37	年最大值	耿贝尔
5		德令哈	$i=\dfrac{5.2379+12.4698\lg T}{(t+14.0333)^{0.9478}}$	53	1964～2000	37	年最大值	耿贝尔
6		同仁	$i=\dfrac{12.0414+17.4501\lg T}{(t+14.5276)^{1.0906}}$	61	1967～2000	34	年最大值	耿贝尔

宁夏回族自治区城市暴雨强度公式编制站点分布图

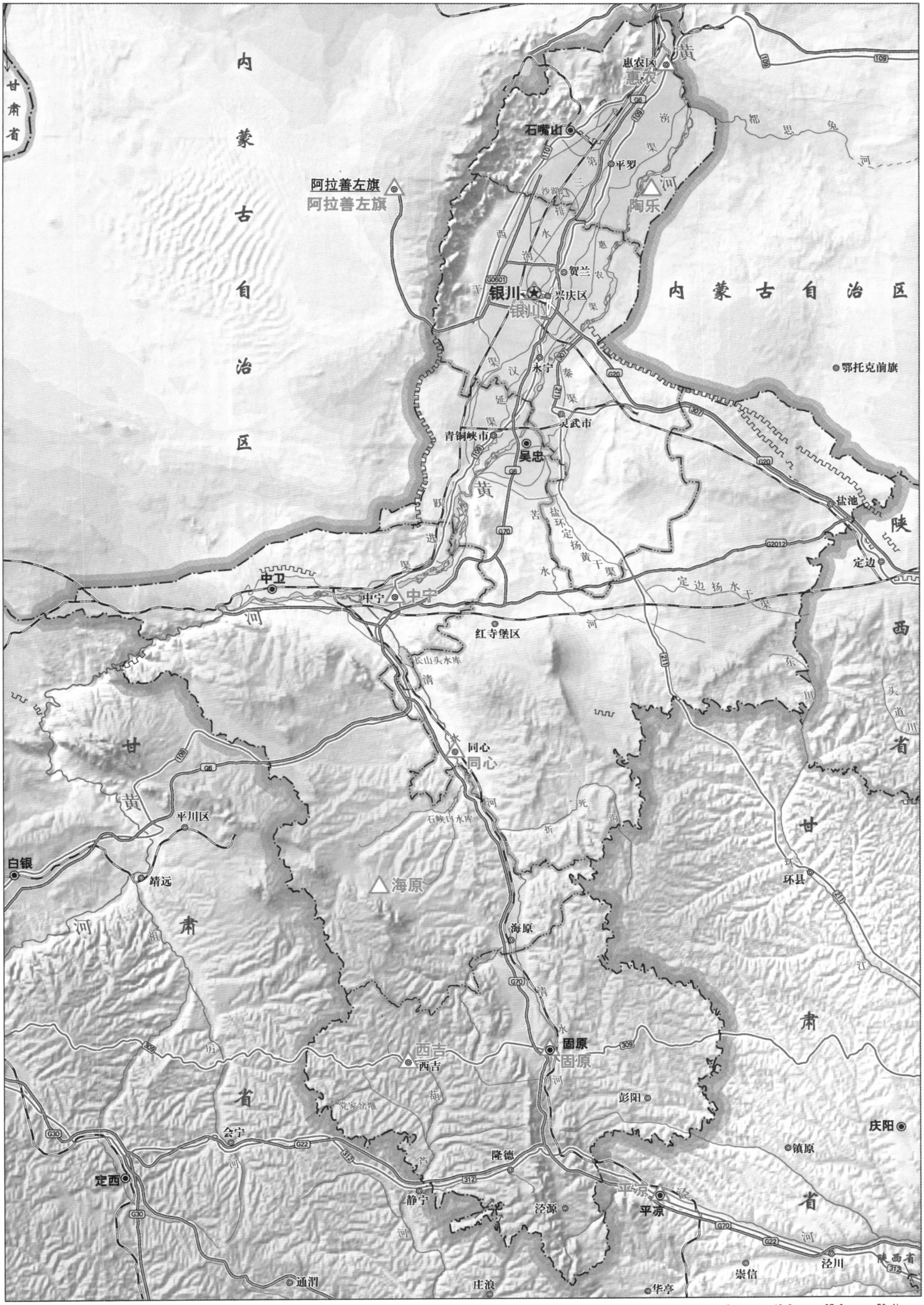

比例尺 1:188万

0 18.8 37.6 56.4km

宁夏回族自治区城市暴雨强度公式成果表

序号	所在地区	城市名称	暴雨强度公式	$T_M=2a$ q_{20}	起止年份	资料年份	选样方法	理论分布
1	宁夏回族自治区	惠农	$i=\dfrac{12.6882+23.1435\lg T}{(t+17.9267)^{0.969}}$	97	1961～2000	40	年最大值	耿贝尔
2		银川	$i=\dfrac{7.7971+12.8062\lg T}{(t+11.5561)^{0.9133}}$	83	1961～2000	40	年最大值	耿贝尔
3		陶乐	$i=\dfrac{14.9483+34.5637\lg T}{(t+21.6546)^{1.0826}}$	75	1977～2000	24	年最大值	耿贝尔
4		中宁	$i=\dfrac{3.1139+8.4738\lg T}{(t+8.8158)^{0.7811}}$	68	1961～2000	40	年最大值	耿贝尔
5		海原	$i=\dfrac{11.7935+20.5945\lg T}{(t+17.3869)^{0.9968}}$	81	1962～2000	39	年最大值	耿贝尔
6		同心	$i=\dfrac{6.4366+12.3843\lg T}{(t+10.7684)^{0.8975}}$	78	1977～2000	24	年最大值	耿贝尔
7		固原	$i=\dfrac{5.2211+5.9357\lg T}{(t+7.9754)^{0.7688}}$	90	1961～2000	40	年最大值	耿贝尔
8		西吉	$i=\dfrac{9.0719+13.6772\lg T}{(t+10.4347)^{0.9331}}$	91	1971 1973～2000	29	年最大值	耿贝尔

新疆维吾尔自治区城市暴雨强度公式编制站点分布图

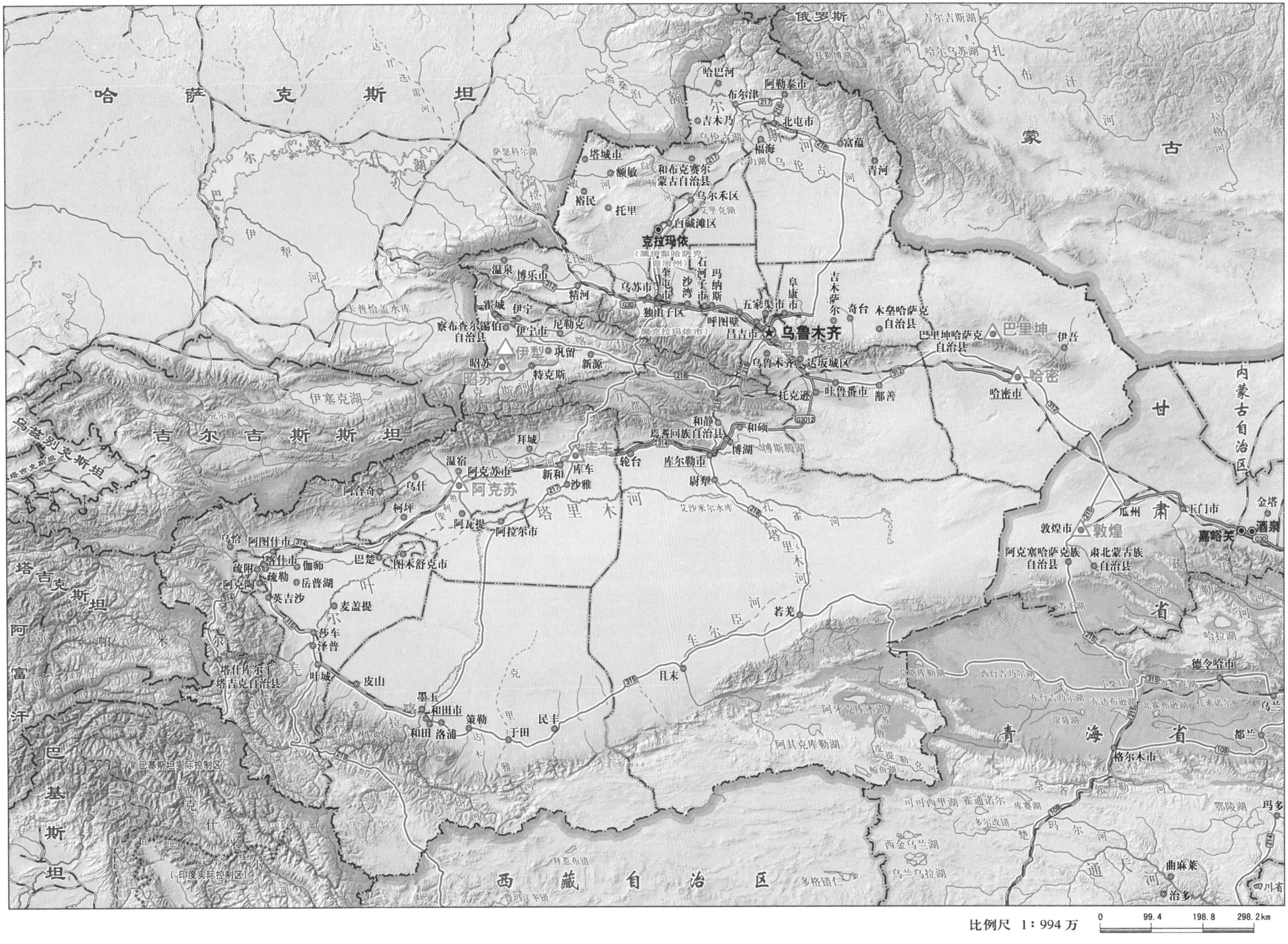

新疆维吾尔自治区城市暴雨强度公式成果表

序号	所在地区	城市名称	暴雨强度公式	$T_M=2a$ q_{20}	起止年份	资料年份	选样方法	理论分布
1	新疆维吾尔自治区	乌鲁木齐	$i=\dfrac{0.8704+1.2929\lg T}{(t+3.6966)^{0.5449}}$	37	1961～2000	40	年最大值	耿贝尔
2		伊犁	$i=\dfrac{5.3919+10.6092\lg T}{(t+6.7644)^{0.9861}}$	56	1961～2000	40	年最大值	耿贝尔
3		昭苏	$i=\dfrac{4.2469+4.88\lg T}{(t+4.6429)^{0.7295}}$	92	1964～1970 1972～1974 1978～2000	33	年最大值	耿贝尔
4		阿克苏	$i=\dfrac{2.6455+5.9571\lg T}{(t+8.1209)^{0.8076}}$	50	1961～2000	40	年最大值	耿贝尔
5		库车	$i=\dfrac{2.1961+5.3156\lg T}{(t+4.852)^{0.8052}}$	48	1961～2000	40	年最大值	耿贝尔
6		哈密	$i=\dfrac{0.7731+2.3355\lg T}{(t+1.4669)^{0.8566}}$	18	1961～2000	40	年最大值	耿贝尔
7		巴里坤	$i=\dfrac{1.6677+3.1073\lg T}{(t+2.2876)^{0.7717}}$	40	1961～1967 1969～2000	39	年最大值	耿贝尔

附 录

暴雨强度公式编制方法

新一代城市暴雨强度公式在充分利用我国水文、气象部门丰富的雨量系列资料的基础上，建立的城市暴雨强度公式与传统的方法比较，从普及、推广、应用的角度出发，力求简化基础资料的收集和整编工作，从剖析现行规范年多个样法存在的问题入手，对基础资料收集的途径、雨量站位置及代表性的要求、降雨观测资料的插补延长的方法、频率曲线分布模型、重现期的提高、年最大的值选样方法、资料系列长度要求等均进行了方法比选，并提出了一系列的具体技术要求。建立了一整套理论方法准确、简便实用、适应性强、计算精度高的编制暴雨强度公式的方法：

（1）本方法适用于具有 20 年以上自记雨量记录的地区，有条件的地区可用 30 年以上的雨量系列，当同时具有虹吸式、翻斗式或其他型式的自记雨量计的记录资料时，宜优先采用虹吸式自记资料，暴雨样本选样方法均采用年最大值法。若在时段内任一时段超过历史最大值，宜进行复核修正。

（2）计算降雨历时采用 5min、10min、15min、20min、30min、45min、60min、90min、120min 共九个历时，计算降雨重现期宜按 2 年、3 年、5 年、10 年、20 年、30 年、50 年、100 年统计，重点分析 2 ～ 20 年统计。

（3）选取的各历时降雨资料，应采用经验频率曲线或理论频率曲线加以调整，一般采用理论频率曲线，包括皮尔逊Ⅲ型分布曲线、耿贝尔分布曲线和指数分布曲线。根据确定的频率曲线，得出重现期、降雨强度和降雨历时三者的关系，即 P、i、t 关系值。

（4）根据 p、i、t 的关系值求得 A_1、B、C、N 各个参数。可采用图解法、解析法、图解与计算结合法等方法进行。为提高暴雨强度公式的精度，一般采用高斯－牛顿法。将求得的各个参数代入 $i=\dfrac{A_1(1+C\lg p)}{(t+B)^N}$ 即得当地的暴雨强度公式。

（5）计算抽样误差和暴雨公式均方差。宜按绝对均方差计算，也可辅以相对均方差计算。计算重现期在 2 ～ 100 年时，在一般强度的地区，平均绝对方差不宜大于 0.05mm/min。在较大强度的地方，平均相对方差不宜大于 5%。

（6）短历时暴雨强度，特别是超短历时暴雨强度，受局部地形和气候的影响，空间分布变化大，统计时宜采用较小的空间尺度。

（7）在大城市，应开展概化雨型的分析和统计工作，建立暴雨信息管理系统，为积水计算以及进一步提高暴雨水管理水平。

住房和城乡建设部科技项目评审意见

评审意见（请针对项目组完成该项目原定任务、目标的情况，达到考核内容与指标的情况，做出的成绩及取得的成果的真实性、水平及使用价值，提供资料、数据的翔实、完整等情况做出公正、具体的评价意见）：

2011年9月26日，住房和城乡建设部建筑节能与科技司在北京组织召开了“中国城市新一代暴雨强度公式推导研究及工程应用”课题专家评审会。评审委员会听取了课题组的汇报，审阅了相关研究报告，并进行了质询和答辩，经认真讨论，形成评审意见如下：

一、该课题在我国大范围全面收集了24902站年资料，通过研究与对比分析，建立了中国31个省、市、自治区606座城市新一代暴雨强度公式，为提高城市防洪减灾能力提供了技术保障，具有重要的实用价值和指导意义。

二、该课题提出的年最大值法选样方法优于年多个样选样方法。研究成果直接应用于相关的规划设计、工程建设、雨洪管理等方面，将会在社会、环境、经济等方面产生重要的影响。

三、该课题综合分析区域暴雨空间分布与气候区域、天气系统、地理、地貌、内陆地区下垫面及建筑物群的关系，提出了以空间分析处理技术为核心的全国短历时暴雨等值线图，建立基于数学模型的验证检查方法，制定出一整套简便、适应性强且具有高精度的暴雨强度公式编制方法，具有创新性，可以取代传统的暴雨强度公式。该研究成果已编入了我国《室外排水设计规范》（GB50014—2006，2011版）。

综上所述，评审委员会一致认为：编制方法技术先进、资料可靠、选样科学、精度高、成果可信。该项研究是关于城市暴雨统计特征研究的一项创新性成果，成果总体处于国内领先水平。

建议：住房和城乡建设部尽快发布《中国城市新一代暴雨强度公式》。

评审委员会主任：高秉仁 副主任：[signature]

2011年9月26日